Versión del estudiante

Eureka Math
3.er grado
Módulo 3

Un agradecimiento especial al Gordon A. Cain Center y al Departamento de Matemáticas de la Universidad Estatal de Luisiana por su apoyo en el desarrollo de *Eureka Math*.

Para obtener un paquete gratis de recursos de Eureka Math para maestros, Consejos para padres y más, por favor visite www.Eureka.tools

Publicado por la organización sin fines de lucro Great Minds®.

Copyright © 2017 Great Minds®.

Impreso en EE. UU.

Este libro puede comprarse directamente en la editorial en eureka-math.org

10 9 8 7 6 5 4

ISBN 978-1-68386-209-3

UNA HISTORIA DE UNIDADES   Lección 1 Grupo de problemas 3•3

Nombre _____ Fecha _____

1. a. Resuelve. Sombrea las operaciones que ya conoces. Luego, sombrea las operaciones con seises, sietes, ochos y nueves que puedas resolver mediante la propiedad conmutativa.

×	1	2	3	4	5	6	7	8	9	10
1		2	3							
2		4		8				16		
3						18				
4					20					
5										50
6		12								
7										
8										
9										
10										

b. Completa la tabla. Cada bolsa contiene 7 manzanas.

Cantidad de bolsas	2		4	5	
Cantidad total de manzanas		21			42

2. Usa una matriz para escribir dos enunciados de multiplicación diferentes.

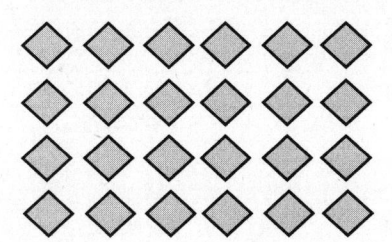

_____ = _____ × _____

_____ = _____ × _____

Lección 1: Estudiar la propiedad conmutativa para encontrar las operaciones conocidas de 6, 7, 8 y 9.

3. Completa las ecuaciones.

   a. 2 sietes = _____ dos

      = __14__

   b. 3 _____ = 6 tres

      = _____

   c. 10 ochos = 8 _____

      = _____

   d. 4 × _____ = 6 × 4

      = _____

   e. 8 × 5 = _____ × 8

      = _____

   f. _____ × 7 = 7 × _____

      = __28__

   g. 3 × 9 = 10 tres − _____ tres

      = _____

   h. 10 cuatros − 1 cuatro = _____ × 4

      = _____

   i. 8 × 4 = 5 cuatros + _____ cuatros

      = _____

   j. _____ cincos + 1 cincos = 6 × 5

      = _____

   k. 5 tres + 2 tres = _____ × _____

      = _____

   l. _____ dos + _____ dos = 10 dos

      = _____

Nombre _____   Fecha _____

1. Completa la tabla a continuación.

   a. Un triciclo tiene 3 ruedas.

Cantidad de triciclos	3		5		7
Número total de ruedas		12		18	

   b. Un tigre tiene 4 patas.

Número de tigres			7	8	9
Número total de patas	20	24			

   c. Un paquete tiene 5 borradores.

Número de paquetes	6				10
Número total de borradores		35	40	45	

2. Escribe dos operaciones de multiplicación para cada matriz.

   _____ = _____ × _____

   _____ = _____ × _____

   _____ = _____ × _____

   _____ = _____ × _____

Lección 1: Estudiar la propiedad conmutativa para encontrar las operaciones conocidas de 6, 7, 8 y 9.

3. Relaciona las expresiones.

   3 × 6   7 tres

   3 sietes   2 × 10

   2 ochos   9 × 5

   5 × 9   8 × 2

   10 dos   6 × 3

4. Completa las ecuaciones.

   a. 2 seises = _____ dos   d. 4 × _____ = _____ × 4

       = __12__   = __28__

   b. _____ × 6 = 6 tres   e. 5 dos + 2 dos = _____ × _____

       = _____   = _____

   c. 4 × 8 = _____ × 4   f. _____ cincos + 1 cinco = 6 × 5

       = _____   = _____

UNA HISTORIA DE UNIDADES Lección 2 Grupo de problemas 3•3

Nombre _____ Fecha _____

1. Cada ⬜ tiene un valor de 7.

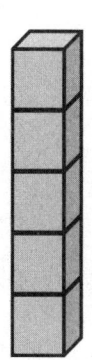

Forma de unidades: 5 _____

Operaciones: 5 × _____ = _____ × 5

Total = _____

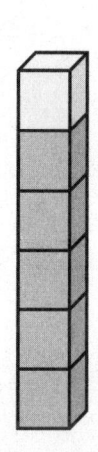

Forma de unidades: 6 sietes = _____ sietes + _____ sietes

= 35 + _____

= _____

Operaciones: _____ × _____ = _____

_____ × _____ = _____

Lección 2: Aplicar las propiedades distributiva y conmutativa para relacionar las operaciones de multiplicación 5 × n + n con 6 × n y n × 6, donde n es el tamaño de la unidad.

2. a. Cada punto tiene un valor de 8.

　　　Forma de unidades: 5 _____

　　　Operaciones: 5 × _____ = _____ × 5

　　　Total = _____

b. Usa la operación anterior para encontrar 8 x 6. Muestra tu trabajo mediante imágenes, números y palabras.

3. Un autor escribe 9 páginas de su libro cada semana. ¿Cuántas páginas escribe en 7 semanas? Usa una operación de cincos para resolverlo.

4. La Sra. González compró un total de 32 crayones para su salón de clases. Cada paquete contiene 8 crayones. ¿Cuántos paquetes de crayones compra la Sra. González?

5. Hannah tiene $500. Compró una cámara por $435 y otros 4 artículos por $9 cada uno. Ahora Hannah quiere comprar unas bocinas por $50. ¿Tiene suficiente dinero para comprar las bocinas? Explica.

Esta página se dejó en blanco intencionalmente

Nombre _____ Fecha _____

1. Cada ▢ tiene un valor de 9.

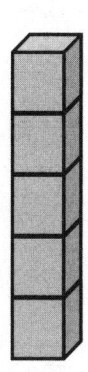

Forma de unidades:
_____

Operaciones: 5 × _____ = _____ × 5

Total = _____

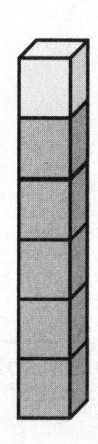

Forma de unidades: 6 nueves = _____ nueves + _____ nueves

= 45 + _____

= _____

Operaciones: _____ × _____ = _____

_____ × _____ = _____

Lección 2: Aplicar las propiedades distributiva y conmutativa para relacionar las operaciones de multiplicación 5 × n + n con 6 × n y n × 6, donde n es el tamaño de la unidad.

2. Hay 6 cuchillas en cada molino de viento. ¿Cuántas cuchillas en total hay en 7 molinos de viento? Usa una operación de cincos para resolverlo.

3. Juanita organiza sus revistas en 3 pilas iguales. Ella tiene un total de 18 revistas. ¿Cuántas revistas hay en cada pila?

4. Marco gastó $27 en algunas pantas. Cada planta costó $9. ¿Cuántas plantas compró?

UNA HISTORIA DE UNIDADES Lección 3 Grupo de problemas 3•3

Nombre _____ Fecha _____

1. Cada ecuación tiene una letra que representa la incógnita. Encuentra el valor de las incógnitas y luego escribe las letras que corresponden a las respuestas para resolver el enigma.

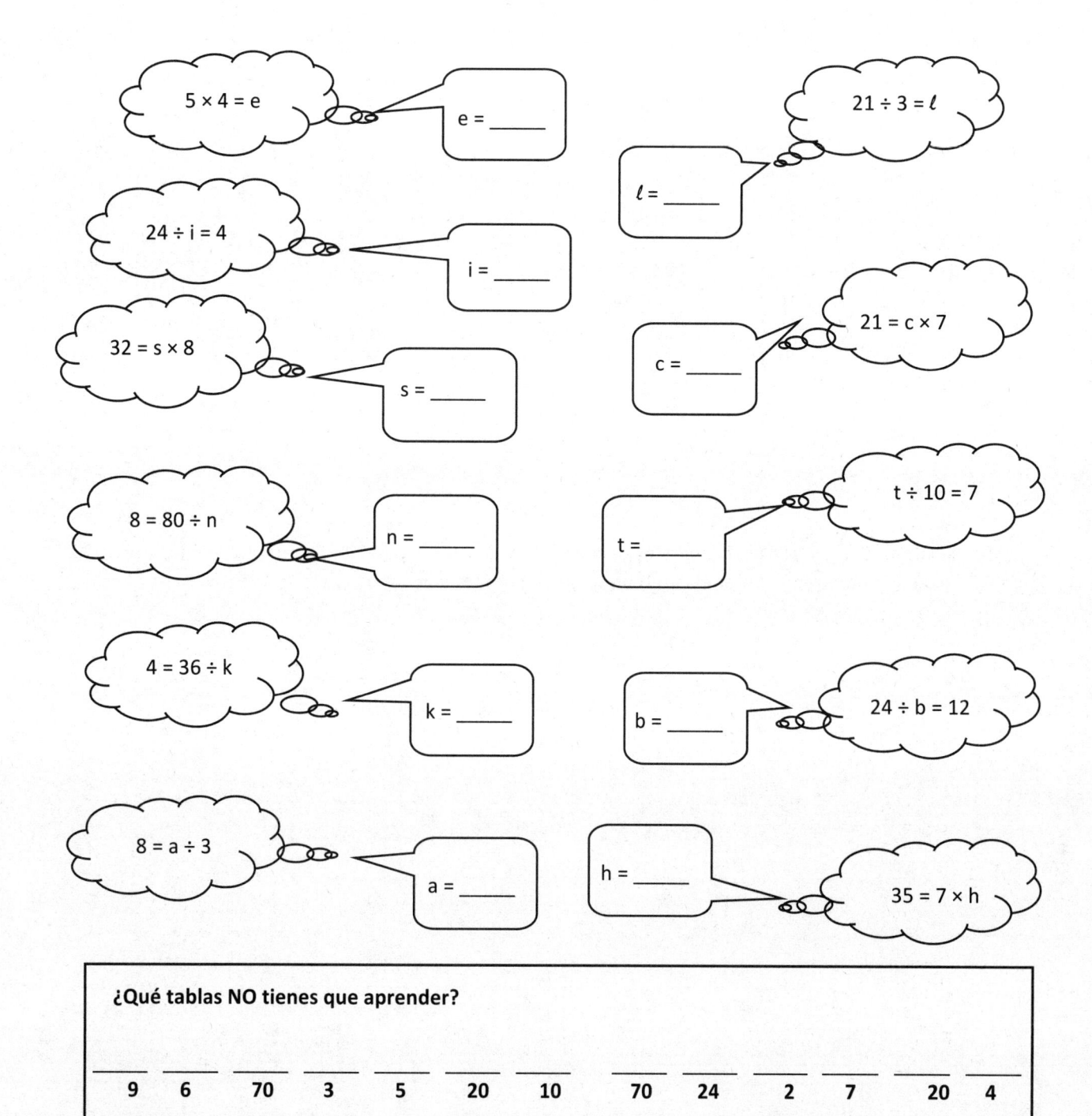

$5 \times 4 = e$ $e =$ _____

$24 \div i = 4$ $i =$ _____

$32 = s \times 8$ $s =$ _____

$8 = 80 \div n$ $n =$ _____

$4 = 36 \div k$ $k =$ _____

$8 = a \div 3$ $a =$ _____

$21 \div 3 = \ell$ $\ell =$ _____

$21 = c \times 7$ $c =$ _____

$t \div 10 = 7$ $t =$ _____

$24 \div b = 12$ $b =$ _____

$35 = 7 \times h$ $h =$ _____

¿Qué tablas NO tienes que aprender?

__ __ __ __ __ __ __   __ __ __ __ __ __
9   6   70 3   5   20 10   70 24 2   7   20 4

Lección 3: Multiplicar y dividir con operaciones familiares usando una letra para representar la incógnita

2. Lonna compra 3 camisetas por $8 cada una.

   a. ¿Cuál es la cantidad total que Lonna gasta en 3 camisetas? Usa la letra *m* para representar la cantidad total de dinero que gasta Lonna y luego resuelve el problema.

   b. Si Lonna entrega al cajero 3 billetes de diez dólares, ¿cuánto cambio recibe? Usa la letra *c* en una ecuación para representar el cambio y luego encuentra el valor de *c*.

UNA HISTORIA DE UNIDADES — Lección 3 Grupo de problemas 3•3

3. La Srta. Potts usó un total de 28 tazas de harina para hacer pan. Usó 4 tazas de harina para cada barra de pan. ¿Cuántas barras de pan hizo? Representa el problema usando enunciados de multiplicación y división y una letra para la incógnita. Y luego resuelve el problema.

   _____ × _____ = _____

   _____ ÷ _____ = _____

4. En un torneo de ping pong, dos juegos se prolongaron durante un total de 32 minutos. Un juego tomó 12 minutos más que el otro. ¿Cuánto tiempo tardó en finalizar cada juego? Usa letras para representar las incógnitas. Resuelve el problema.

¡DESAFÍO!

Lección 3: Multiplicar y dividir con operaciones familiares usando una letra para representar la incógnita

Esta página se dejó en blanco intencionalmente

UNA HISTORIA DE UNIDADES

Lección 3 Tarea 3•3

Nombre _____   Fecha _____

1. a. Completa el patrón.

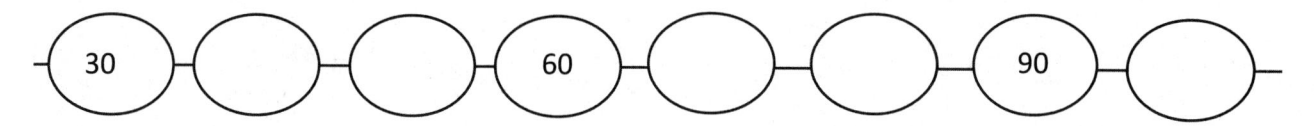

   (30)—( )—( )—(60)—( )—( )—(90)—( )

   b. Encuentra el valor de la incógnita.

   $10 \times 2 = d$ d = __20__ $10 \times 6 = w$ w = _____

   $3 \times 10 = e$ e = _____ $10 \times 7 = n$ n = _____

   $f = 4 \times 10$ f = _____ $g = 8 \times 10$ g = _____

   $p = 5 \times 10$ p = _____

2. Cada ecuación tiene una letra que representa la incógnita. Encuentra el valor de a incógnita.

$8 \div 2 = n$	n = _____
$3 \times a = 12$	a = _____
$p \times 8 = 40$	p = _____
$18 \div 6 = c$	c = _____
$d \times 4 = 24$	d = _____
$h \div 7 = 5$	h = _____
$6 \times 3 = f$	f = _____
$32 \div y = 4$	y = _____

Lección 3: Multiplicar y dividir con operaciones familiares usando una letra para representar la incógnita.

3. Pedro compra 4 libros en la feria por $7 cada uno.

   a. ¿Cuál es la cantidad total que Pedro gasta en 4 libros? Usa la letra *b* para representar la cantidad total que Pedro gasta y luego resuelve el problema.

   b. Pedro entrega al cajero 3 billetes de diez dólares. ¿Cuánto cambio recibirá? Escribe una ecuación para resolver el problema. Usa la letra *c* para representar la incógnita.

4. En la excursión, la carrera de primer grado es de 25 metros de largo. La carrera del tercer grado es el doble de la distancia que la del primer grado. ¿Cuánto mide la carrera de tercer grado? Usa una letra para representar la incógnita y resuelve.

UNA HISTORIA DE UNIDADES

Lección 4 Grupo de problemas 3•3

Nombre _____ Fecha _____

1. Cuenta de seis en seis para llenar los espacios en blanco. Relaciona cada número en el conteo con su operación de multiplicación.

6
___
18
___
30
36
___
48
___
60

9 × 6
6 × 6
4 × 6
7 × 6
2 × 6
1 × 6
3 × 6
10 × 6
5 × 6
8 × 6

Lección 4: Contar en múltiplos de 6 para multiplicar y dividir usando vínculos numéricos para descomponer

2. Cuenta de seis en seis para llenar los espacios en blanco.

   6, _____, _____, _____

   Completa la ecuación de multiplicación que representa el último número en tu conteo.

   6 × _____ = _____

   Completa la ecuación de división que representa tu conteo.

   _____ ÷ 6 = _____

3. Cuenta de seis en seis para llenar los espacios en blanco.

   6, _____, _____, _____, _____, _____, _____

   Completa la ecuación de multiplicación que representa el último número en tu conteo.

   6 × _____ = _____

   Completa la ecuación de división que representa tu conteo.

   _____ ÷ 6 = _____

4. El grupo de la Sra. Byrne cuenta de seis en seis para una actividad de conteo en grupos. Cuando ella apunta hacia arriba, los estudiantes cuentan de seis en seis hacia adelante y cuando ella apunta hacia abajo, los estudiantes cuentan de seis en seis hacia atrás. Las flechas muestran cuando ella cambia de dirección.

   a. Llena los espacios en blanco de abajo para mostrar las respuestas del conteo en grupo.

   ↑ 0, 6, _____, 18, _____ ↓ _____, 12 ↑ _____, 24, 30, _____ ↓ 30, 24, _____ ↑ 24, _____, 36, _____, 48

   b. La Sra. Byrne dice que el último número que contó el grupo es un producto de 6 con otro número. Escribe un enunciado de multiplicación y un enunciado de división para demostrar que ella tiene razón.

   6 × _____ = 48   48 ÷ 6 = _____

5. Julie cuenta de seis en seis para resolver 6 × 7. Dice que la respuesta es 36. ¿Tiene razón? Explica tu respuesta.

UNA HISTORIA DE UNIDADES

Lección 4 Tarea 3•3

Nombre _____ Fecha _____

1. Usa vínculos numéricos para contar de seis en seis ya sea completando un diez o sumando las unidades.

a. 6 + 6 = __10__ + __2__ = _____
       / \
      4   2

b. 12 + 6 = __10__ + __8__ = _____
   / \
  10 2

c. 18 + 6 = _____ + _____ = _____
      / \
     2   4

d. 24 + 6 = _____ + _____ = _____
    / \
   20 4

e. 30 + 6 = _____

f. 36 + 6 = _____ + _____ = _____
      / \
     4   2

g. 42 + 6 = _____ + _____ = _____

h. 48 + 6 = _____ + _____ = _____

i. 54 + 6 = _____ + _____ = _____

Lección 4: Contar en múltiplos de 6 para multiplicar y dividir usando vínculos numéricos para descomponer

UNA HISTORIA DE UNIDADES — Lección 4 Tarea 3•3

2. Cuenta de seis en seis para llenar los espacios en blanco.

   6, _____, _____, _____, _____

   Completa la ecuación de multiplicación que representa el último número en tu conteo.

   6 × _____ = _____

   Completa la ecuación de división que representa tu conteo.

   _____ ÷ 6 = _____

3. Cuenta de seis en seis para llenar los espacios en blanco.

   6, _____, _____, _____, _____, _____

   Completa la ecuación de multiplicación que representa el último número en tu conteo.

   6 × _____ = _____

   Completa la ecuación de división que representa tu conteo.

   _____ ÷ 6 = _____

4. Cuenta de seis en seis para resolver 48 ÷ 6. Muestra tu trabajo en el siguiente espacio.

Lección 4: Contar en múltiplos de 6 para multiplicar y dividir usando vínculos numéricos para descomponer

UNA HISTORIA DE UNIDADES

Lección 5 Grupo de problemas 3•3

Nombre _____ Fecha _____

1. Cuenta en múltiplos de siete para llenar los espacios en blanco en las peceras. Relaciona cada conteo salteado con su expresión de multiplicación. Después, usa la expresión de la multiplicación para escribir la operación de división relacionada directamente en la derecha.

Pecera	Multiplicación	División
7	7 × 6	_____ ÷ 7 = _____
_____	7 × 3	_____ ÷ 7 = _____
21	7 × 8	_____ ÷ 7 = _____
_____	7 × 7	_____ ÷ 7 = _____
_____	7 × 1	_____ ÷ 7 = _____
42	7 × 10	_____ ÷ 7 = _____
49	7 × 9	_____ ÷ 7 = _____
_____	7 × 4	_____ ÷ 7 = _____
_____	7 × 2	_____ ÷ 7 = _____
_____	7 × 5	_____ ÷ 7 = _____

Lección 5: Contar en múltiplos de 7 para multiplicar y dividir usando vínculos numéricos para descomponer

2. Completa la secuencia de conteo de siete en siete a continuación. Después, escribe una ecuación de división y una de multiplicación para representar cada espacio que llenaste.

   7, 14, _____, 28, _____, 42, _____, _____, 63, _____

   a. _____ × 7 = _____   _____ ÷ 7 = _____

   b. _____ × 7 = _____   _____ ÷ 7 = _____

   c. _____ × 7 = _____   _____ ÷ 7 = _____

   d. _____ × 7 = _____   _____ ÷ 7 = _____

   e. _____ × 7 = _____   _____ ÷ 7 = _____

3. Abe dice que 3 x 7 = 21 porque 1 siete es 7, 2 sietes son 14 y 3 sietes son 14 + 6 + 1, lo que es igual a 21. ¿Por qué Abe sumó 6 y 1 al 14 cuando está contando de siete en siete?

4. Molly dice que puede contar de siete en siete 6 veces para resolver 7 x 6. James dice que puede contar de seis en seis 7 veces para resolver este problema. ¿Quién está en lo correcto? Explica tu respuesta.

UNA HISTORIA DE UNIDADES

Lección 5 Tarea 3•3

Nombre _____ Fecha _____

1. Usa los vínculos numéricos para contar de siete en siete al hacer diez o sumarle a las unidades.

a. 7 + 7 = __10__ + __4__ = _____
   / \
   3   4

b. 14 + 7 = _____ + _____ = _____
   / \
   6   1

c. 21 + 7 = _____ + _____ = _____
   / \
   20 1

d. 28 + 7 = _____ + _____ = _____
   / \
   2   5

e. 35 + 7 = _____ + _____ = _____
   / \
   5   2

f. 42 + 7 = _____ + _____ = _____

g. 49 + 7 = _____ + _____ = _____

h. 56 + 7 = _____ + _____ = _____

Lección 5: Contar en múltiplos de 7 para multiplicar y dividir usando vínculos numéricos para descomponer

2. Cuenta de siete en siete para llenar los espacios en blanco. Después, llena la ecuación de la multiplicación para escribir la operación de división relacionada directamente en la derecha.

_____   7 × 10 = _____   _____ ÷ 7 = _____

_____   7 × 9 = _____   _____ ÷ 7 = _____

_____   7 × 8 = _____   _____ ÷ 7 = _____

 49   7 × 7 = _____   _____ ÷ 7 = _____

_____   7 × 6 = _____   _____ ÷ 7 = _____

_____   7 × 5 = _____   _____ ÷ 7 = _____

 28   7 × 4 = _____   _____ ÷ 7 = _____

_____   7 × 3 = _____   _____ ÷ 7 = _____

_____   7 × 2 = _____   _____ ÷ 7 = _____

  7   7 × 1 = _____   _____ ÷ 7 = _____

UNA HISTORIA DE UNIDADES   Lección 6 Grupo de problemas   3•3

Nombre _____   Fecha _____

1. Identifica los diagramas de cinta. Luego, llena los espacios en blanco a continuación para que los enunciados sean verdaderos.

a. **6 × 6** = _____

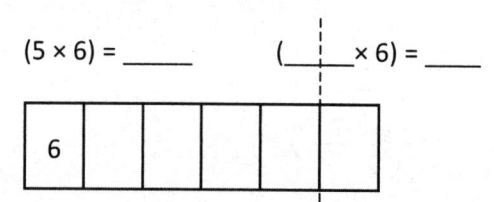

   (5 × 6) = _____   (____ × 6) = _____

   | 6 | | | | | |

   (6 × 6) = (5 + 1) × 6
   = (5 × 6) + (1 × 6)
   = _30_ + _____
   = _____

b. **7 × 6** = _____

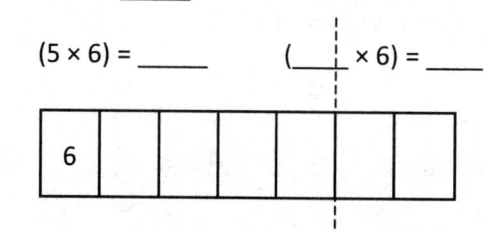

   (5 × 6) = _____   (____ × 6) = _____

   | 6 | | | | | | |

   (7 × 6) = (5 + 2) × 6
   = (5 × 6) + (2 × 6)
   = _30_ + _____
   = _____

c. **8 × 6** = _____

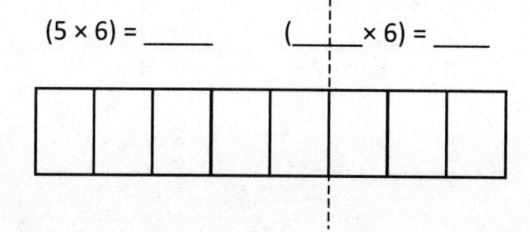

   (5 × 6) = _____   (____ × 6) = _____

   | | | | | | | | |

   8 × 6 = (5 + ____) × 6
   = (5 × 6) + (____ × 6)
   = _30_ + _____
   = _____

d. **9 × 6** = _____

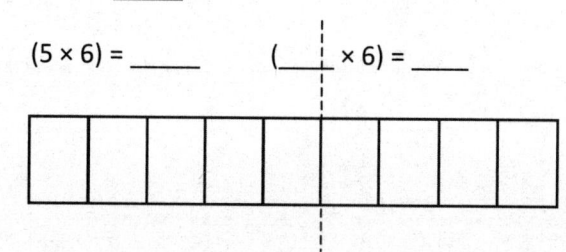

   (5 × 6) = _____   (____ × 6) = _____

   | | | | | | | | | |

   9 × 6 = (5 + ____) × 6
   = (5 × 6) + (____ × 6)
   = _30_ + _____
   = _____

Lección 6: Usar la propiedad distributiva como estrategia para multiplicar y dividir usando unidades de 6 y 7.

2. Descompón 54 para resolver 54 ÷ 6.

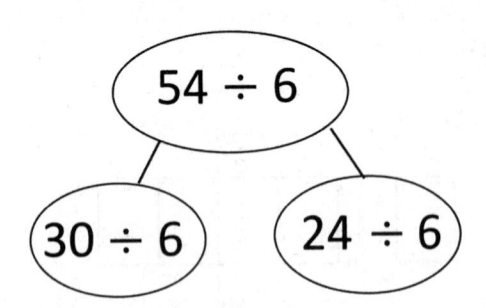

```
      54 ÷ 6
      /    \
  30 ÷ 6   24 ÷ 6
```

54 ÷ 6 = (30 ÷ 6) + (_____ ÷ 6)

= 5 + _____

= _____

3. Descompón 49 para resolver 49 ÷ 7.

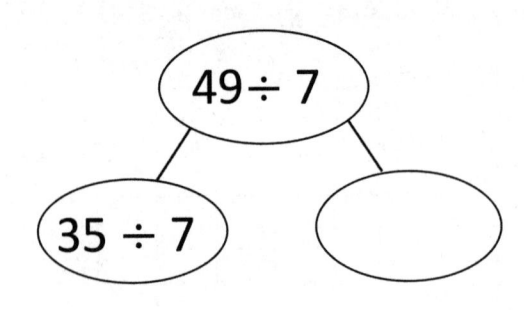

```
      49 ÷ 7
      /    \
  35 ÷ 7   (    )
```

49 ÷ 7 = (35 ÷ 7) + (_____ ÷ 7)

= 5 + _____

= _____

4. Roberto dice que puede resolver 6 × 8 al razonarlo como (5 × 8) + 8. ¿Está en lo correcto? Haz un dibujo para ayudarte a explicar tu respuesta.

5. Kelly resuelve 42 ÷ 7 usando un vínculo numérico para descomponer 42 en dos partes. Muestra abajo cómo se vería su trabajo.

UNA HISTORIA DE UNIDADES

Lección 6 Tarea 3•3

Nombre _____ Fecha _____

1. Identifica los diagramas de cinta. Luego, llena los espacios en blanco a continuación para que los enunciados sean verdaderos.

   a. **6 × 7** = _____

   (5 × 7) = _____   (___ × 7) = _____

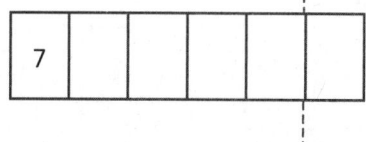

   | 7 | | | | | |

   (6 × 7) = (5 + 1) × 7
   = (5 × 7) + (1 × 7)
   = _35_ + _____
   = _____

   b. **7 × 7** = _____

   (5 × 7) = _____   (___ × 7) = _____

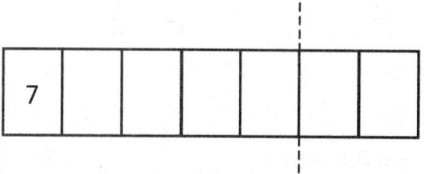

   | 7 | | | | | | |

   (7 × 7) = (5 + 2) × 7
   = (5 × 7) + (2 × 7)
   = _35_ + _____
   = _____

   c. **8 × 7** = _____

   (5 × 7) = _____   (___ × 7) = _____

   | | | | | | | | |

   8 × 7 = (5 + ____) × 7
   = (5 × 7) + (____ × 7)
   = _35_ + _____
   = _____

   d. **9 × 7** = _____

   (5 × 7) = _____   (___ × 7) = _____

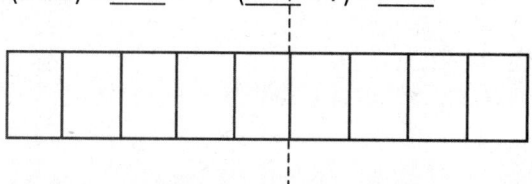

   | | | | | | | | | |

   9 × 7 = (5 + ____) × 7
   = (5 × 7) + (____ × 7)
   = _35_ + _____
   = _____

Lección 6: Usar la propiedad distributiva como estrategia para multiplicar y dividir usando unidades de 6 y 7.

2. Descompón 54 para resolver 54 ÷ 6.

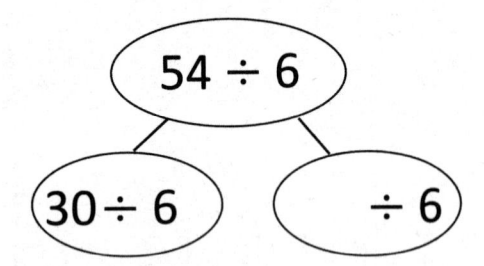

(54 ÷ 6)
(30 ÷ 6) (___ ÷ 6)

54 ÷ 6 = (30 ÷ 6) + (_____ ÷ 6)

= 5 + _____

= _____

3. Descompón 56 para resolver 56 ÷ 7.

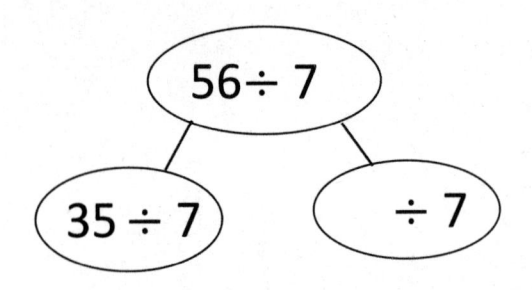

(56 ÷ 7)
(35 ÷ 7) (___ ÷ 7)

56 ÷ 7 = (____ ÷ ____) + (____ ÷ ____)

= 5 + _____

= _____

4. Cuarenta y dos estudiantes de tercer grado se sientan en 6 filas iguales en el auditorio. ¿Cuántos estudiantes se sientan en cada fila? Muestra tu razonamiento.

5. Roberto resuelve 7 × 6 al razonarlo como (5 × 7) + 7. ¿Tiene razón? Explica la estrategia de Roberto.

UNA HISTORIA DE UNIDADES

Lección 7 Grupo de problemas 3•3

Nombre _____ Fecha _____

1. Relaciona las palabras con la ecuación correcta.

   un número por 6 es igual a 30

   7 por un número es igual a 42

   6 por 7 es igual a un número

   63 dividido entre un número es igual a 9

   36 dividido entre un número es igual a 6

   un número por 7 es igual a 21

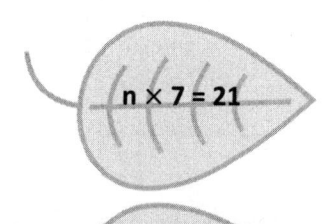

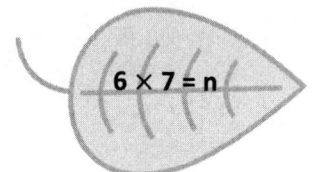

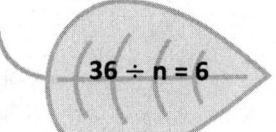

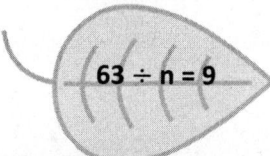

   $n \times 7 = 21$

   $n \times 6 = 30$

   $6 \times 7 = n$

   $7 \times n = 42$

   $36 \div n = 6$

   $63 \div n = 9$

2. Escribe una ecuación para representar el siguiente diagrama de cinta y calcula la incógnita.

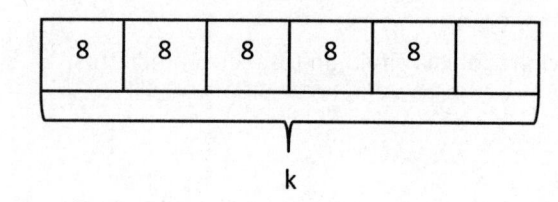

   | 8 | 8 | 8 | 8 | 8 | |

   k

   Ecuación: _____

Lección 7: Interpretar la incógnita en la multiplicación y la división para modelar y resolver problemas usando unidades de 6 y el 7.

3. Modela cada problema con un dibujo. Luego, escribe una ecuación usando una letra para representar la incógnita y calcula la incógnita.

   a. Cada estudiante recibe 3 lápices. Hay un total de 21 lápices. ¿Cuántos estudiantes hay en total?

   b. Enrique pasa 24 minutos practicando 6 ejercicios diferentes de baloncesto. Pasa el mismo tiempo en cada ejercicio. ¿Cuánto tiempo pasa Enrique en cada ejercicio?

   c. Jesica tiene 8 piezas de estambre para un proyecto. Cada pieza de estambre tiene 6 centímetros de largo. ¿Cuál es la longitud total del estambre?

   d. Ginny mide 6 mililitros de agua en cada vaso de precipitado. Ella sirvió un total de 54 mililitros. ¿Cuántos vasos de precipitado usó Ginny?

Nombre _____ Fecha _____

1. Relaciona las palabras en la flecha con la ecuación correcta en la diana.

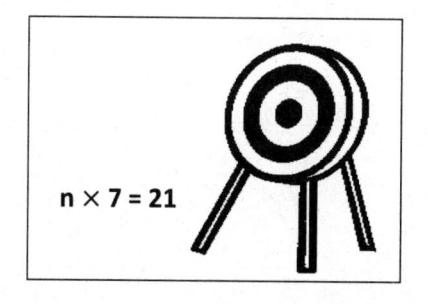

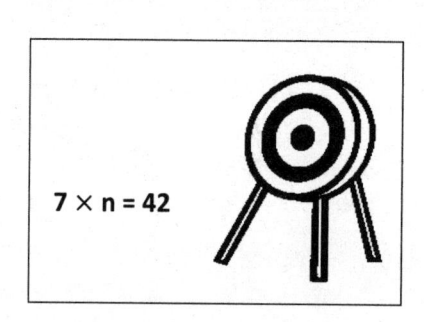

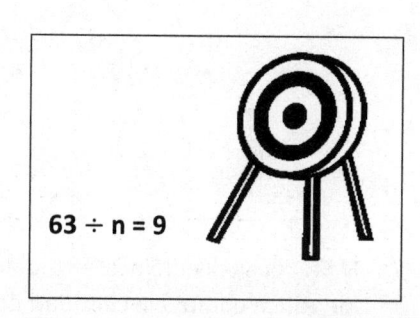

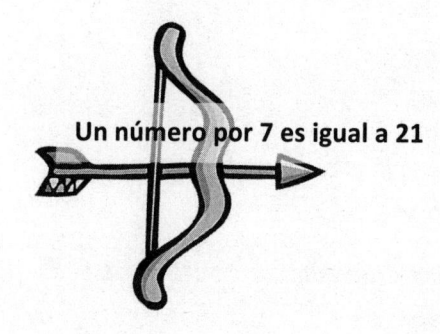

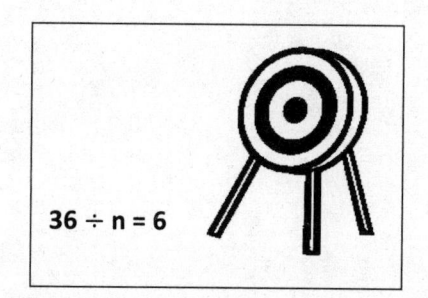

   7 por un número es igual a 42

   63 dividido entre un número es igual a 9

   36 dividido entre un número es igual a 6

   Un número por 7 es igual a 21

   $n \times 7 = 21$

   $7 \times n = 42$

   $63 \div n = 9$

   $36 \div n = 6$

2. Ari vendió 6 cajas de plumas en la tienda de la escuela.

   a. Cada caja de plumas se vende por $7. Dibuja un diagrama de cinta e identifica como *m* la cantidad total de dinero que ganó. Escribe una ecuación y calcula el valor de *m*.

   b. Cada caja tiene 6 plumas. Dibuja un diagrama de cinta e identifica como *p* la cantidad total de plumas. Escribe una ecuación y calcula el valor de *p*.

3. El Sr. Lucas dividió a 28 estudiantes en 7 grupos iguales para un proyecto. Dibuja un diagrama de cinta e identifica como *n* la cantidad de estudiantes en cada grupo. Escribe una ecuación y calcula el valor de *n*.

Nombre _____ Fecha _____

1. Resuelve.

   a. (12 − 4) + 6 = _____

   b. 12 − (4 + 6) = _____

   c. _____ = 15 − (7 + 3)

   d. _____ = (15 − 7) + 3

   e. _____ = (3 + 2) × 6

   f. _____ = 3 + (2 × 6)

   g. 4 × (7 − 2) = _____

   h. (4 × 7) − 2 = _____

   i. _____ = (12 ÷ 2) + 4

   j. _____ = 12 ÷ (2 + 4)

   k. 9 + (15 ÷ 3) = _____

   l. (9 + 15) ÷ 3 = _____

   m. 60 ÷ (10 − 4) = _____

   n. (60 ÷ 10) − 4 = _____

   o. _____ = 35 + (10 ÷ 5)

   p. _____ = (35 + 10) ÷ 5

2. Usa los paréntesis para hacer las ecuaciones verdaderas.

a. 16 − 4 + 7 = 19	b. 16 − 4 + 7 = 5
c. 2 = 22 − 15 + 5	d. 12 = 22 − 15 + 5
e. 3 + 7 × 6 = 60	f. 3 + 7 × 6 = 45
g. 5 = 10 ÷ 10 × 5	h. 50 = 100 ÷ 10 × 5
i. 26 − 5 ÷ 7 = 3	j. 36 = 4 × 25 − 16

Lección 8: Comprender la función de los paréntesis y aplicarlos a la resolución de problemas.

3. El maestro escribe 24 ÷ 4 + 2 = _____ en la pizarra. Chad dice que es igual a 8. Samir dice que es igual a 4. Explica cómo colocar el paréntesis en la ecuación puede hacer que ambas respuestas sean ciertas.

4. Natasha resolvió la ecuación siguiente encontrando la suma de 5 y 12. Coloca el paréntesis en la ecuación para mostrar su razonamiento. Después, resuélvela.

12 + 15 ÷ 3 = _____

5. Encuentra dos posibles respuestas a la expresión 7 + 3 × 2 al colocar los paréntesis en diferentes lugares.

UNA HISTORIA DE UNIDADES **Lección 8 Tarea 3•3**

Nombre _____ Fecha _____

1. Resuelve.

   a. 9 − (6 + 3) = _____

   b. (9 − 6) + 3 = _____

   c. _____ = 14 − (4 + 2)

   d. _____ = (14 − 4) + 2

   e. _____ = (4 + 3) × 6

   f. _____ = 4 + (3 × 6)

   g. (18 ÷ 3) + 6 = _____

   h. 18 ÷ (3 + 6) = _____

2. Usa los paréntesis para hacer las ecuaciones verdaderas.

   a. 14 − 8 + 2 = 4

   b. 14 − 8 + 2 = 8

   c. 2 + 4 × 7 = 30

   d. 2 + 4 × 7 = 42

   e. 12 = 18 ÷ 3 × 2

   f. 3 = 18 ÷ 3 × 2

   g. 5 = 50 ÷ 5 × 2

   h. 20 = 50 ÷ 5 × 2

Lección 8: Comprender la función de los paréntesis y aplicarlos a la resolución de problemas.

3. Determina si la ecuación es verdadera o falsa.

a. $(15 - 3) \div 2 = 6$	*Ejemplo:* Verdadero
b. $(10 - 7) \times 6 = 18$	
c. $(35 - 7) \div 4 = 8$	
d. $28 = 4 \times (20 - 13)$	
e. $35 = (22 - 8) \div 5$	

4. Jerónimo encontró que $(3 \times 6) \div 2$ y $18 \div 2$ son iguales. Explica por qué esto es verdadero.

5. Coloca los paréntesis en la ecuación siguiente para que la resuelvas encontrando la diferencia entre 28 y 3. Escribe la respuesta.

$4 \times 7 - 3 =$ _____

6. Juan dice que la respuesta de $2 \times 6 \div 3$ es 4 sin importar dónde coloque el paréntesis. ¿Estás de acuerdo? Coloca los paréntesis alrededor de diferentes números para ayudarte a explicar su razonamiento.

Nombre _____ Fecha _____

Resuelve los siguientes pares de problemas. Encierra en un círculo los pares donde ambos problemas tienen la misma respuesta.

1. a. 7 + (6 + 4)

   b. (7 + 6) + 4

2. a. (3 × 2) × 4

   b. 3 × (2 × 4)

3. a. (2 × 1) × 5

   b. 2 × (1 × 5)

4. a. (4 × 2) × 2

   b. 4 × (2 × 2)

5. a. (3 + 2) × 5

   b. 3 + (2 × 5)

6. a. (8 ÷ 2) × 2

   b. 8 ÷ (2 × 2)

7. a. (9 − 5) + 3

   b. 9 − (5 + 3)

8. a. (8 × 5) − 4

   b. 8 × (5 − 4)

Esta página se dejó en blanco intencionalmente

Nombre _____ Fecha _____

1. Usa la matriz para completar la ecuación.

a. 3 × 12 = _____

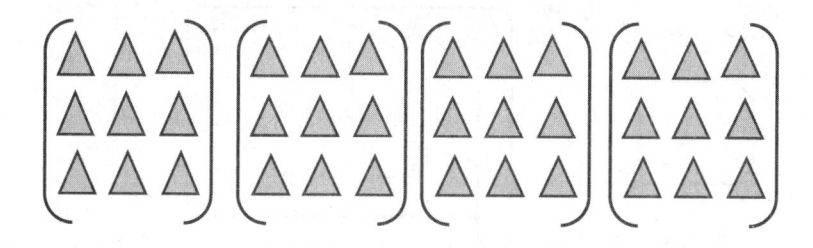

b. (3 × 3) × 4

= _____ × 4

= _____

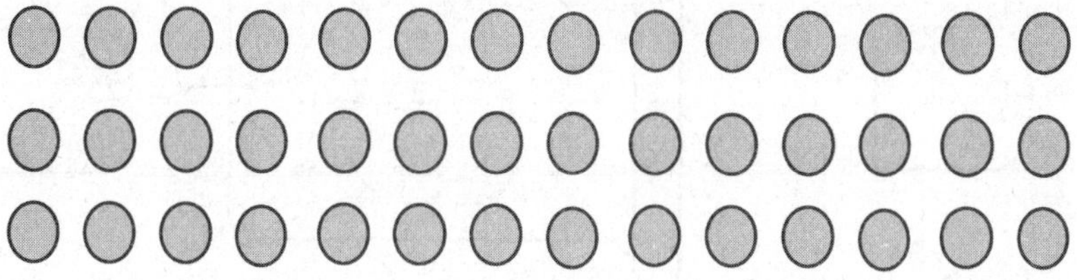

c. 3 × 14 = _____

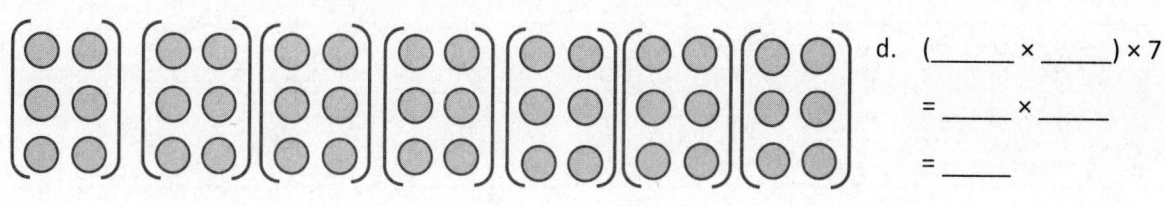

d. (_____ × _____) × 7

= _____ × _____

= _____

Lección 9: Modelar la propiedad asociativa como estrategia de multiplicación.

2. Coloca paréntesis en las ecuaciones para simplificar. Luego, resuelve. El primer ejemplo ya está resuelto.

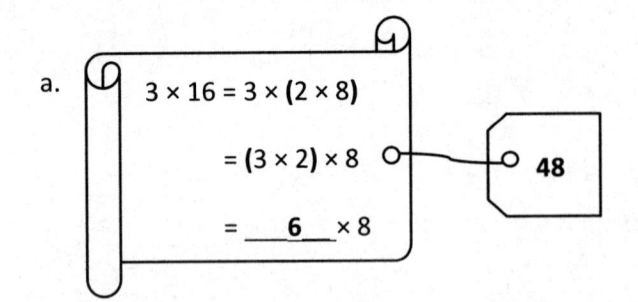

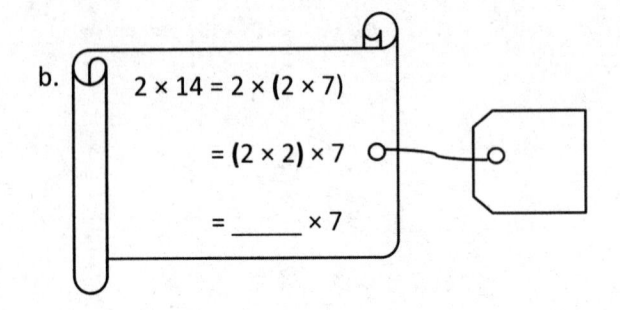

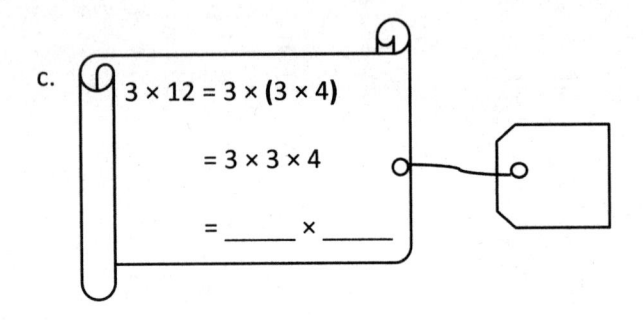

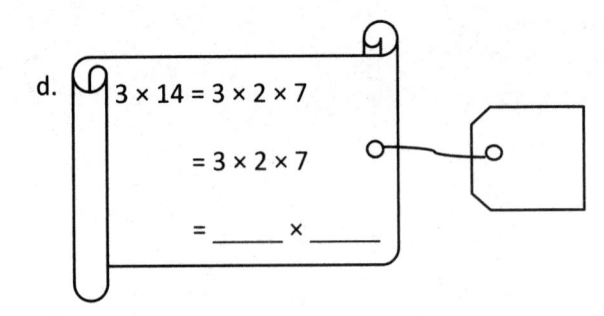

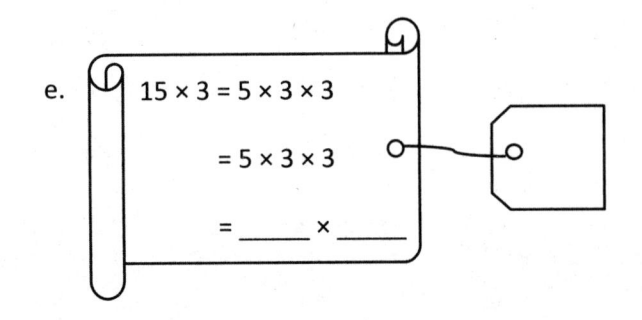

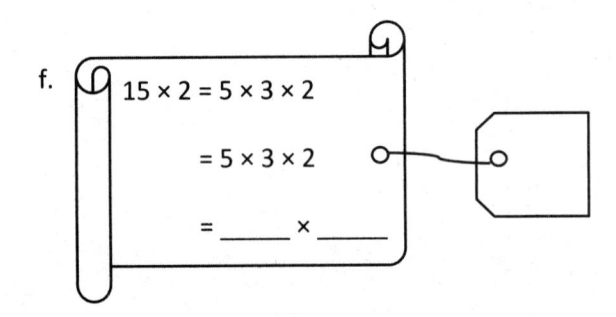

a.
$3 \times 16 = 3 \times (2 \times 8)$
$= (3 \times 2) \times 8$
$= \underline{6} \times 8$
→ 48

b.
$2 \times 14 = 2 \times (2 \times 7)$
$= (2 \times 2) \times 7$
$= \underline{} \times 7$

c.
$3 \times 12 = 3 \times (3 \times 4)$
$= 3 \times 3 \times 4$
$= \underline{} \times \underline{}$

d.
$3 \times 14 = 3 \times 2 \times 7$
$= 3 \times 2 \times 7$
$= \underline{} \times \underline{}$

e.
$15 \times 3 = 5 \times 3 \times 3$
$= 5 \times 3 \times 3$
$= \underline{} \times \underline{}$

f.
$15 \times 2 = 5 \times 3 \times 2$
$= 5 \times 3 \times 2$
$= \underline{} \times \underline{}$

3. Charlotte encuentra la respuesta a 16 x 2 al pensar en 8 x 4. Explica su estrategia.

UNA HISTORIA DE UNIDADES

Lección 9 Tarea 3•3

Nombre _____ Fecha _____

1. Usa la matriz para completar la ecuación.

a. 3 × 16 = _____

b. (3 × ____) × 8

= ____ × ____

= _____

c. 4 × 18 = _____

d. (4 × ____) × 9

= ____ × ____

= _____

Lección 9: Modelar la propiedad asociativa como estrategia de multiplicación.

41

2. Coloca paréntesis en las ecuaciones para simplificar y resolver.

$12 \times 4 = (6 \times 2) \times 4$
$= 6 \times (2 \times 4)$ = __48__
$= 6 \times \underline{8}$

a. $3 \times 14 = 3 \times (2 \times 7)$
$= 3 \times 2 \times 7$ = ____
$= \underline{} \times 7$

b. $3 \times 12 = 3 \times (3 \times 4)$
$= 3 \times 3 \times 4$ = ____
$= \underline{} \times 4$

3. Resuelve. Luego, relaciona las operaciones relacionadas.

a. $20 \times 2 =$ __40__ = $6 \times (5 \times 2)$

b. $30 \times 2 =$ _____ = $8 \times (5 \times 2)$

c. $35 \times 2 =$ _____ = $4 \times (5 \times 2)$

d. $40 \times 2 =$ _____ = $7 \times (5 \times 2)$

Nombre _____ Fecha _____

1. Identifica las matrices. Luego llena los espacios en blanco para que los enunciados sean verdaderos.

   a. **8 × 8** = _____

   (8 × 5) = _____   (8 × ____) = _____

   8 × 8 = 8 × (5 + _____)
       = (8 × 5) + (8 × _____)
       = __40__ + _____
       = _____

   b. **8 × 9 = 9 × 8** = _____

   (8 × 5) = _____   (8 × ____) = _____

   9 × 8 = 8 × (5 + _____)
       = (8 × 5) + (8 × _____)
       = __40__ + _____
       = _____

2. Descompón y distribuye para resolver 56 ÷ 8.

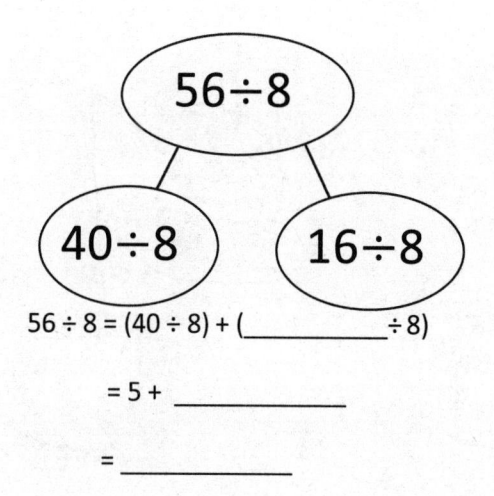

   56 ÷ 8
   ╱   ╲
   40 ÷ 8   16 ÷ 8

   56 ÷ 8 = (40 ÷ 8) + (_____ ÷ 8)
       = 5 + _____
       = _____

3. Descompón y distribuye para resolver 72 ÷ 8.

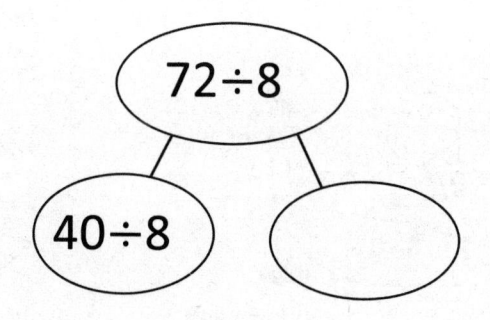

   72 ÷ 8
   ╱   ╲
   40 ÷ 8   ( )

   72 ÷ 8 = (40 ÷ 8) + (_____ ÷ 8)
       = 5 + _____
       = _____

Lección 10: Usar la propiedad distributiva como estrategia de multiplicación y división.

UNA HISTORIA DE UNIDADES   Lección 10 Grupo de problemas   3•3

4. Un octágono tiene 8 lados. Cuenta salteado para encontrar el número total de lados en 9 octágonos.

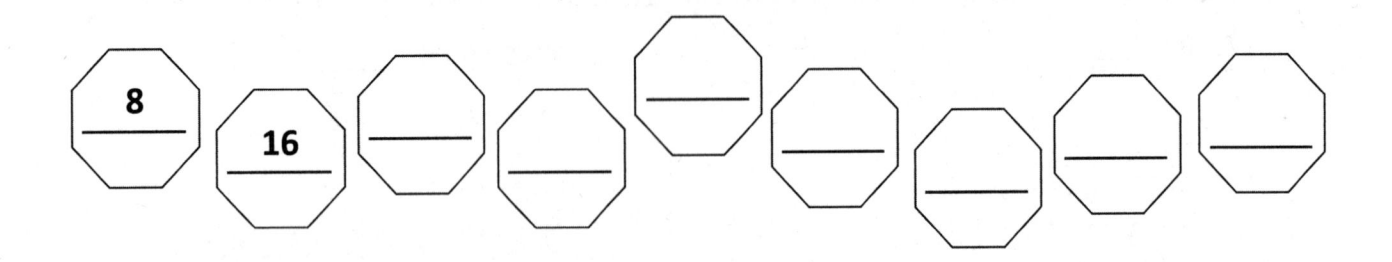

8   16   ___   ___   ___   ___   ___   ___   ___

Nueve octágonos tienen un total de _____ lados.

5. Multiplica.

$4 \times 8 =$ 32

$8 \times 6 =$

$3 \times 8 =$

$8 \times 10 =$

$8 \times 8 =$

$7 \times 8 =$

Lección 10: Usar la propiedad distributiva como estrategia de multiplicación y división.

Lección 10 Grupo de problemas 3•3

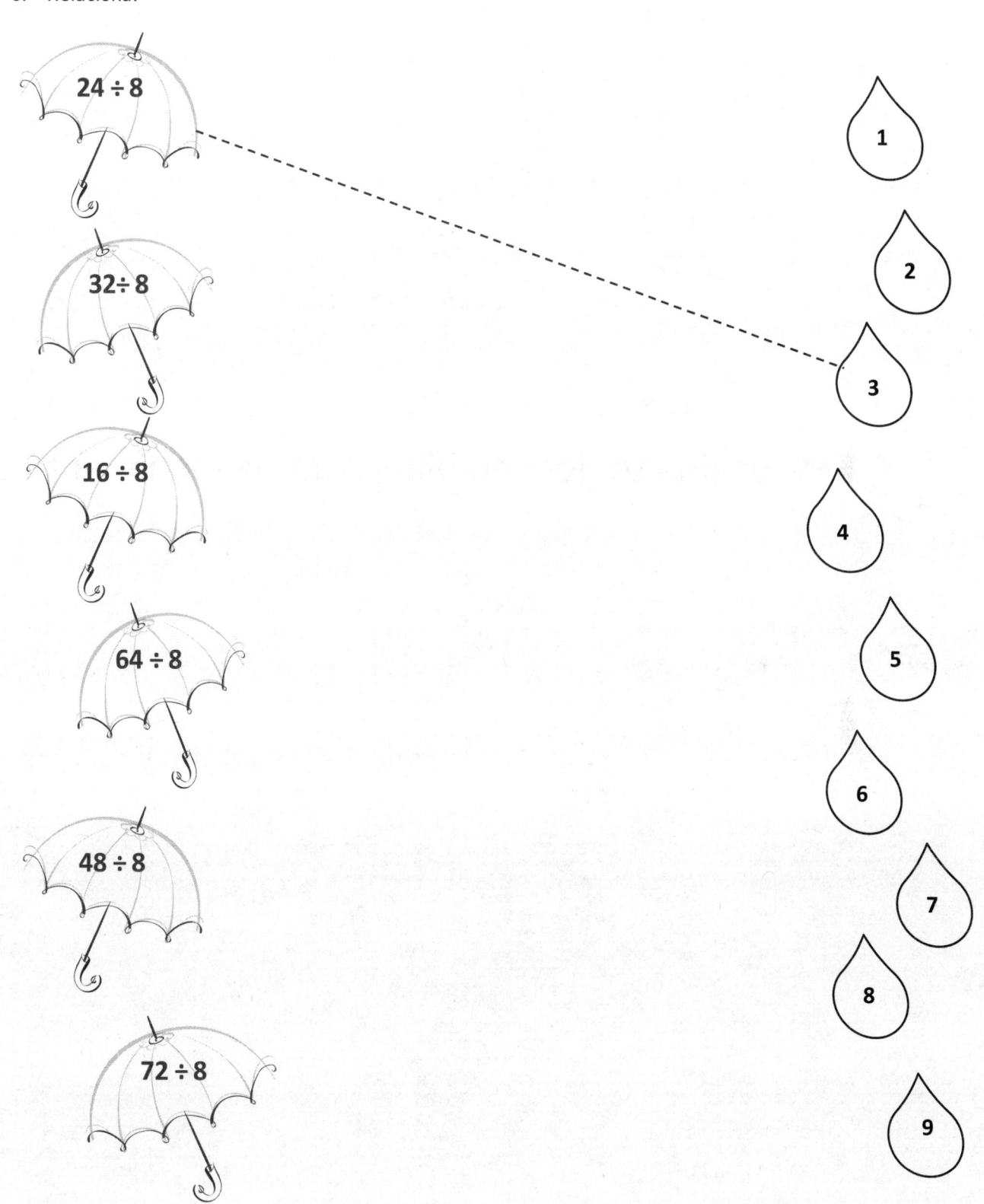

6. Relaciona.

- 24 ÷ 8 —— 3
- 32 ÷ 8
- 16 ÷ 8
- 64 ÷ 8
- 48 ÷ 8
- 72 ÷ 8

1, 2, 3, 4, 5, 6, 7, 8, 9

Lección 10: Usar la propiedad distributiva como estrategia de multiplicación y división.

Esta página se dejó en blanco intencionalmente

Nombre _____ Fecha _____

1. Identifica la matriz. Luego, llena los espacios en blanco para hacer que los enunciados sean verdaderos.

    8 × 7 = 7 × 8 = _____

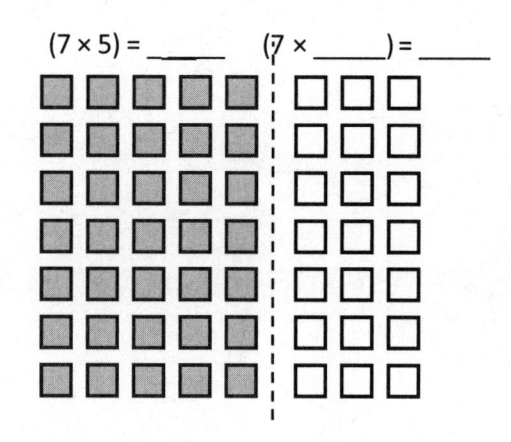

    (7 × 5) = _____   (7 × _____) = _____

    8 × 7 = 7 × (5 + _____)
    = (7 × 5) + (7 × _____)
    = __35__ + _____
    = _____

2. Descompón y distribuye para resolver 72 ÷ 8.

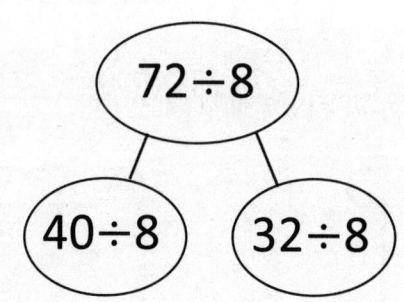

    72 ÷ 8
    40 ÷ 8   32 ÷ 8

    72 ÷ 8 = (40 ÷ 8) + (_____ ÷ 8)
    = 5 + _____
    = _____

Lección 10: Usar la propiedad distributiva como estrategia de multiplicación y división.

UNA HISTORIA DE UNIDADES   Lección 10 Tarea 3•3

3. Cuenta de 8 en 8. Luego, relaciona cada problema de multiplicación con su valor.

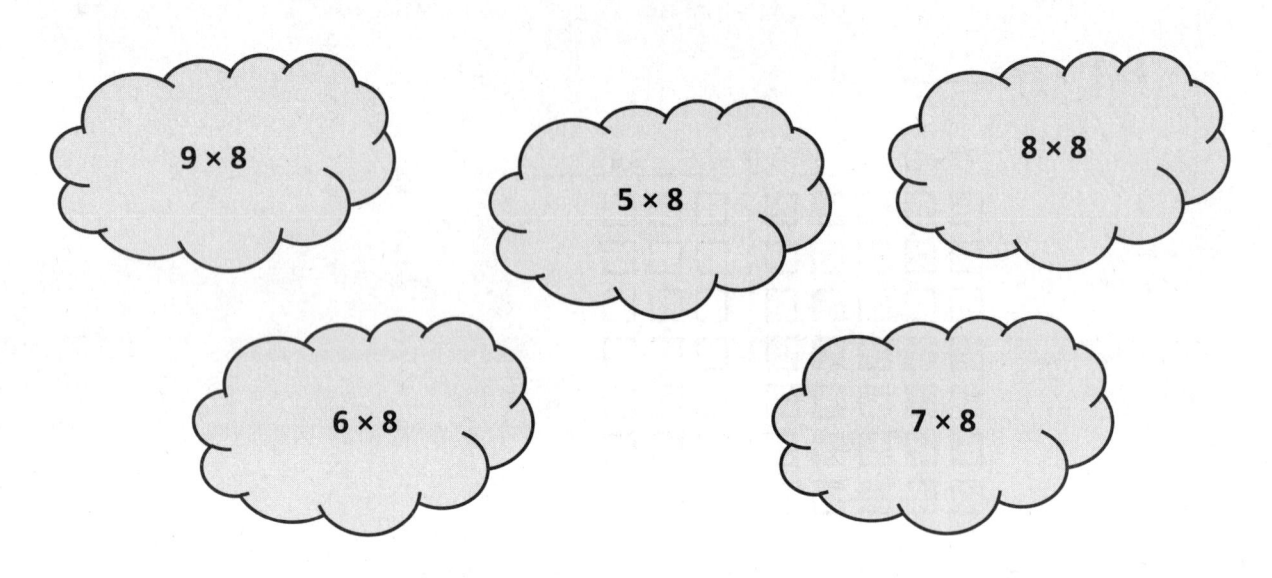

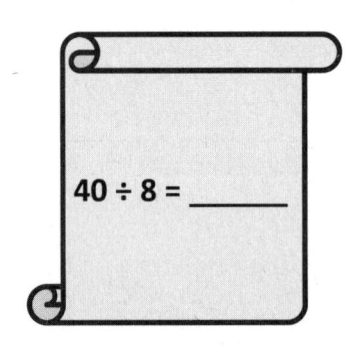

   __8__, _____, _____, _____, _____, _____, _____, _____, _____, _____.

   - 9 × 8
   - 5 × 8
   - 8 × 8
   - 6 × 8
   - 7 × 8

4. Divide.

   16 ÷ 8 = _____

   40 ÷ 8 = _____

   32 ÷ 8 = _____

   48 ÷ 8 = _____

   56 ÷ 8 = _____

   72 ÷ 8 = _____

Lección 10: Usar la propiedad distributiva como estrategia de multiplicación y división.

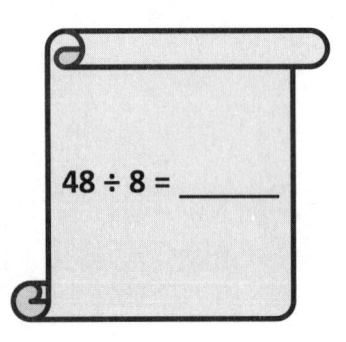

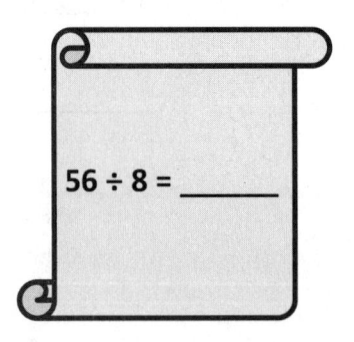

Nombre _____ Fecha _____

1. La Srta. Santor divide 32 estudiantes en 8 grupos iguales para una excursión. Dibuja un diagrama de cinta y escribe el número de estudiantes en cada grupo como *n*. Escribe una ecuación y resuelve para encontrar *n*.

2. Tara compra 6 paquetes de papel para impresora. Cada paquete de papel cuesta $8. Dibuja un diagrama de cinta y escribe la cantidad total que gasta como *m*. Escribe una ecuación y resuelve para encontrar *m*.

3. El Sr. Reed gasta $24 en granos de café. ¿Cuántos kilogramos de granos de café compra? Dibuja un diagrama de cinta y escribe la cantidad total de granos de café que compra como *c*. Escribe una ecuación, y resuelve para encontrar *c*.

$8 para 1 kg

4. Ocho niños comparten por igual 4 paquetes de tarjetas de béisbol. Cada paquete contiene 10 tarjetas. ¿Cuántas tarjetas recibe cada niño?

5. Hay 8 bolsas de globos amarillos y verdes. Cada bolsa contiene 7 globos. Si hay 35 globos amarillos, ¿cuántos globos verdes hay?

6. El vendedor de frutas empaqueta 72 naranjas en bolsas de 8 cada una. Él vende todas las naranjas a $4 cada bolsa. ¿Cuánto dinero recibió?

Nombre _____ Fecha _____

1. Jenny hornea 10 galletas. Ella coloca 7 virutas de chocolate en cada galleta. Dibuja un diagrama de cinta y escribe la cantidad total de virutas de chocolate como c. Escribe una ecuación y resuelve para encontrar c.

2. El Sr. López coloca 48 marcadores de borrado en seco en 8 grupos iguales para sus estaciones de matemáticas. Dibuja un diagrama de cinta e identifica el número de marcadores de borrado en seco en cada grupo como v. Escribe una ecuación y resuelve para encontrar v.

3. Hay 35 computadoras en el laboratorio. Cinco estudiantes apagan un número igual de computadoras cada uno. ¿Cuántas computadoras apaga cada estudiante? Escribe la incógnita como m y luego resuelve.

Lección 11: Interpretar la incógnita en la multiplicación y la división para modelar y resolver problemas.

4. Hay 9 contenedores de libros. Cada uno tiene 6 libros de historietas. ¿Cuántos libros de historietas hay en total?

5. Hay 8 bolsas de trail mix (mezcla de frutos secos) en una caja. Clarissa compra 5 cajas. Ella da un número igual de bolsas de trail mix a 4 amigos. ¿Cuántas bolsas de trail mix recibe cada amigo?

6. Leo gana $8 cada semana por realizar quehaceres. Después de 7 semanas, compra un regalo y le sobran $38. ¿Cuánto dinero gasta en el regalo?

UNA HISTORIA DE UNIDADES

Lección 12 Grupo de problemas 3•3

Nombre _____ Fecha _____

1. Cada ☐ tiene un valor de **9**. Determina el valor de cada fila. Luego suma las filas para encontrar el total.

a. **6 × 9 = _____**

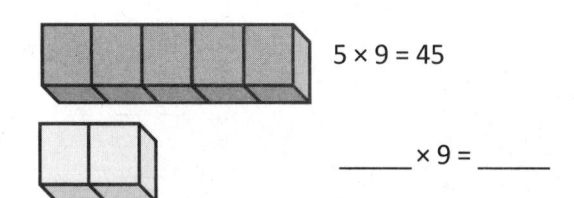

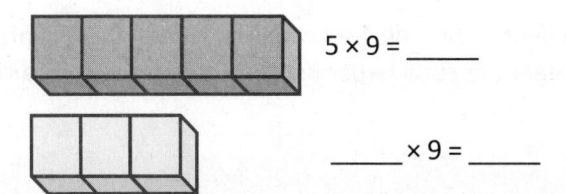

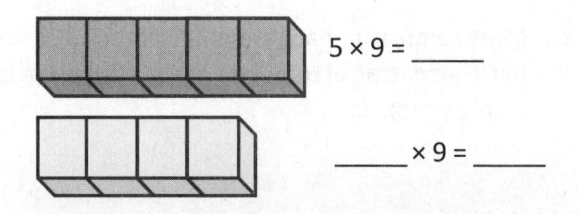

5 × 9 = 45

1 × 9 = _____

6 × 9 = (5 + 1) × 9
= (5 × 9) + (1 × 9)
= 45 + _____
= _____

b. **7 × 9 = _____**

5 × 9 = 45

_____ × 9 = _____

7 × 9 = (5 + _____) × 9
= (5 × 9) + (_____ × 9)
= 45 + _____
= _____

c. **8 × 9 = _____**

5 × 9 = _____

_____ × 9 = _____

8 × 9 = (5 + _____) × 9
= (5 × 9) + (_____ × _____)
= 45 + _____
= _____

d. **9 × 9 = _____**

5 × 9 = _____

_____ × 9 = _____

9 × 9 = (5 + _____) × 9
= (5 × 9) + (_____ × _____)
= 45 + _____
= _____

Lección 12: Aplicar la propiedad distributiva y la operación 9 = 10 − 1 como una estrategia de multiplicación.

2. Encuentra el valor total de los bloques sombreados.

 a. **9 × 6 =**

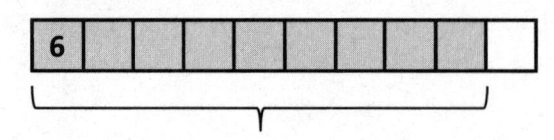

 9 seis = 10 seis − 1 seis

 = _____ − 6

 = _____

 b. **9 × 7 =**

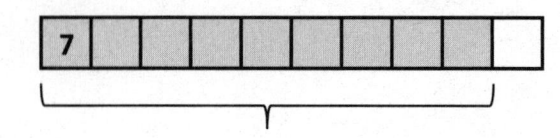

 9 sietes = 10 sietes − 1 siete

 = _____ − 7

 = _____

 d. **9 × 8 =**

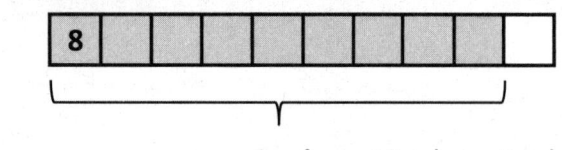

 9 ochos = 10 ochos − 1 ocho

 = _____ − 8

 = _____

 c. **9 × 9 =**

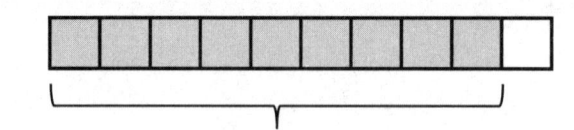

 9 nueves = 10 nueves − 1 nueve

 = _____ − _____

 = _____

3. Matt compra un paquete de estampillas postales. Él cuenta 9 filas de 4 estampillas. Piensa en 10 cuatros para encontrar el total estampillas. Muestra la estrategia que pudo haber usado Matt para encontrar el total estampillas.

4. Relaciona.

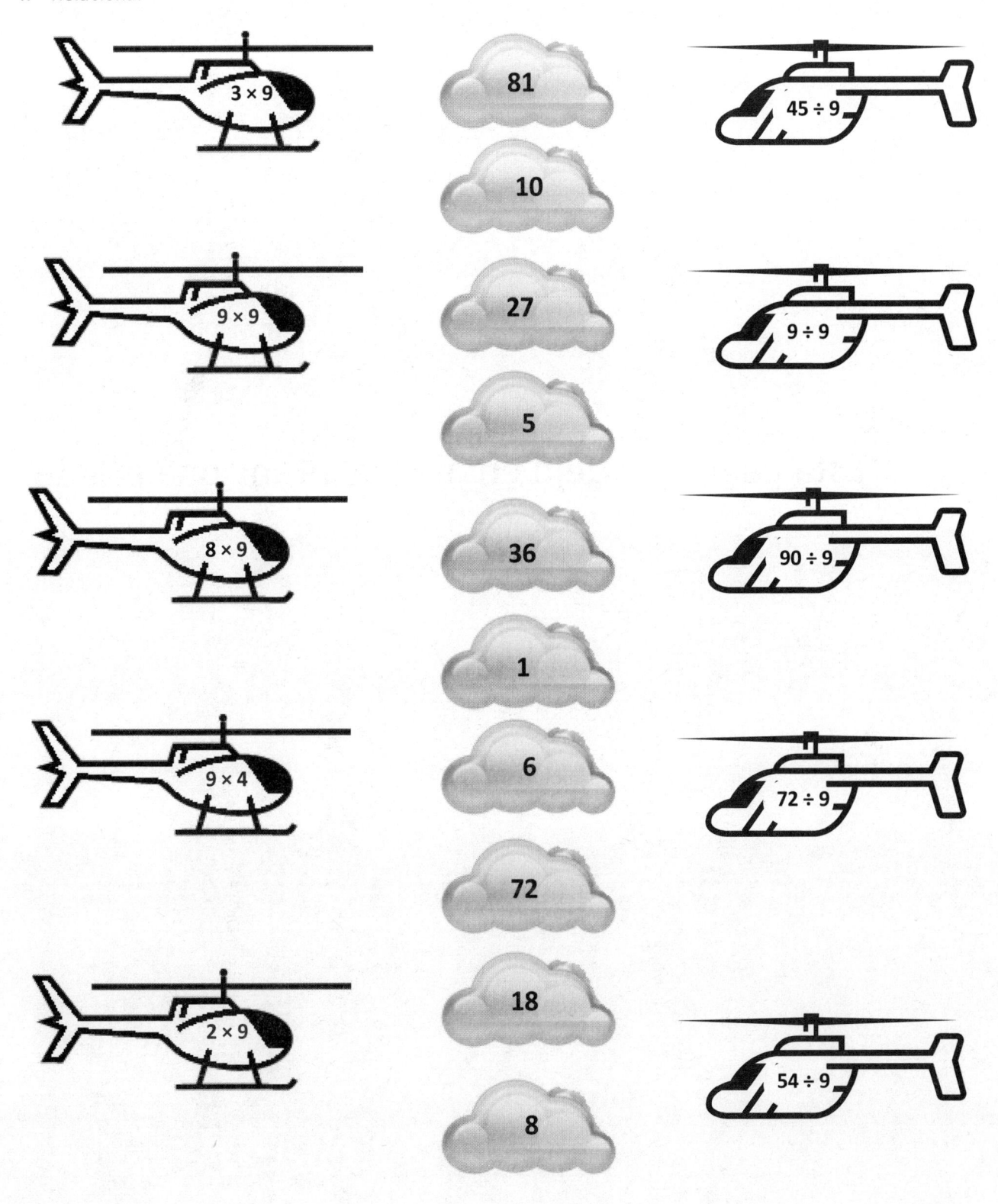

Helicópteros (izquierda):
- 3 × 9
- 9 × 9
- 8 × 9
- 9 × 4
- 2 × 9

Nubes (centro):
- 81
- 10
- 27
- 5
- 36
- 1
- 6
- 72
- 18
- 8

Helicópteros (derecha):
- 45 ÷ 9
- 9 ÷ 9
- 90 ÷ 9
- 72 ÷ 9
- 54 ÷ 9

Lección 12: Aplicar la propiedad distributiva y la operación 9 = 10 − 1 como una estrategia de multiplicación.

Esta página se dejó en blanco intencionalmente

UNA HISTORIA DE UNIDADES　　　　　　　　　　　　　　　　　　　Lección 12 Tarea 3•3

Nombre _____　　Fecha _____

1. Determina el valor de cada fila. Luego suma las filas para encontrar el total.

   a. Cada ▢ tiene un valor de 6.

   9 × 6 = _____

   5 × 6 = 30

   4 × 6 = _____

   9 × 6 = (5 + 4) × 6
   　　　= (5 × 6) + (4 × 6)
   　　　= 30 + _____
   　　　= _____

   b. Cada ▢ tiene un valor de 7.

   9 × 7 = _____

   5 × 7 = _____

   _____ × 7 = _____

   9 × 7 = (5 + _____) × 7
   　　　= (5 × 7) + (_____ × 7)
   　　　= 35 + _____
   　　　= _____

   c. Cada ▢ tiene un valor de 8.

   9 × 8 = _____

   5 × 8 = _____

   _____ × 8 = _____

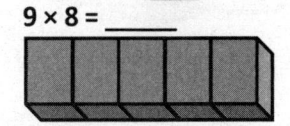

   9 × 8 = (5 + _____) × 8
   　　　= (5 × 8) + (_____ × _____)
   　　　= 40 + _____
   　　　= _____

   d. Cada ▢ tiene un valor de 9.

   9 × 9 = _____

   5 × 9 = _____

   _____ × 9 = _____

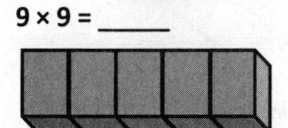

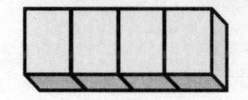

   9 × 9 = (5 + _____) × 9
   　　　= (5 × 9) + (_____ × _____)
   　　　= 45 + _____
   　　　= _____

Lección 12: Aplicar la propiedad distributiva y la operación 9 = 10 − 1 como una estrategia de multiplicación.

57

2. Relaciona.

a. **9 cincos** = 10 cincos − 1 cinco

   = 50 − 5

   (45) — — — — 9 × 7

b. **9 seis** = 10 seis − 1 seis

   = _____ − 6

   (63)   9 × 6

c. **9 sietes** = 10 sietes − 1 siete

   = _____ − 7

   (54)   9 × 5

d. **9 ochos** = 10 ochos − 1 ocho

   = _____ − 8

   (81)   9 × 9

e. **9 nueves** = 10 nueves − 1 nueve

   = _____ − _____

   (72)   9 × 4

f. **9 cuatros** = 10 cuatros − 1 cuatro

   = _____ − _____

   (36)   9 × 8

UNA HISTORIA DE UNIDADES

Lección 12 Plantilla 3•3

diagrama de cinta

Lección 12: Aplicar la propiedad distributiva y la operación 9 = 10 − 1 como una estrategia de multiplicación.

59

Esta página se dejó en blanco intencionalmente

UNA HISTORIA DE UNIDADES   Lección 13 Grupo de problemas   3•3

Nombre _____   Fecha _____

1. a. Cuenta de nueve en nueve.

   __9__, _____, _____, __36__, _____, _____, _____, __72__, _____, _____

   b. Observa la posición de las *decenas* en el conteo. ¿Cuál es el patrón?

   c. Observa la posición de las *unidades* en el conteo. ¿Cuál es el patrón?

2. Completa para hacer los enunciados verdaderos.

   a. 10 más 0 es __10__,
      1 menos es __9__.
      1 × 9 = __9__

   b. 10 más 9 es __19__,
      1 menos es __18__.
      2 × 9 = _____

   c. 10 más 18 es _____,
      1 menos es _____.
      3 × 9 = _____

   d. 10 más 27 es _____,
      1 menos es _____.
      4 × 9 = _____

   e. 10 más 36 es _____,
      1 menos es _____.
      5 × 9 = _____

   f. 10 más 45 es _____,
      1 menos es _____.
      6 × 9 = _____

   g. 10 más 54 es _____,
      1 menos es _____.
      7 × 9 = _____

   h. 10 más 63 es _____,
      1 menos es _____.
      8 × 9 = _____

   i. 10 más 72 es _____,
      1 menos es _____.
      9 × 9 = _____

   j. 10 más 81 es _____,
      1 menos es _____.
      10 × 9 = _____

Lección 13:   Identificar y utilizar patrones aritméticos para multiplicar.

3. a. Analiza las ecuaciones en el Problema 2. ¿Cuál es el patrón?

   b. Usa el patrón para encontrar las 4 operaciones siguientes. Muestra tu trabajo.

   $11 \times 9 =$ $12 \times 9 =$ $13 \times 9 =$ $14 \times 9 =$

   c. Kent nota otro patrón en el Problema 2. Su trabajo se muestra abajo. Ve lo siguiente:
   - Los dígitos de las decenas en el producto son 1 menos que el número de grupos.
   - Los dígitos de las unidades en el producto son 10 menos que el número de grupos.

	Dígitos de decenas	Dígitos de unidades.
$2 \times 9 = \underline{18}$ →	$\underline{1} = 2 - 1$	$\underline{8} = 10 - 2$
$3 \times 9 = \underline{27}$ →	$\underline{2} = 3 - 1$	$\underline{7} = 10 - 3$
$4 \times 9 = \underline{36}$ →	$\underline{3} = 4 - 1$	$\underline{6} = 10 - 4$
$5 \times 9 = \underline{45}$ →	$\underline{4} = 5 - 1$	$\underline{5} = 10 - 5$

   Usa la estrategia de Kent para resolver 6×9 y 7×9.

   d. Muestra un ejemplo de cuándo el patrón de Kent no funciona.

4. Cada ecuación tiene una letra que representa una incógnita. Encuentra el valor de cada incógnita. Después, escribe las letras para que coincidan con las respuestas para resolver el acertijo.

$a \times 9 = 54$
$a =$ _____

$81 \div 9 = g$
$g =$ _____

$9 \times d = 72$
$d =$ _____

$e \times 9 = 63$
$e =$ _____

$o \div 9 = 10$
$o =$ _____

$9 \times n = 27$
$n =$ _____

$t \times 9 = 18$
$t =$ _____

$9 \times s = 36$
$s =$ _____

$i \div 9 = 5$
$i =$ _____

¿Cómo desapareces una?

¡ __ __ __ __ " __ " __ __ __ __ __ , __ __ __ __
  6 8 8 6   9   6 3 8 45 2 4   9 90 3 7

Esta página se dejó en blanco intencionalmente

UNA HISTORIA DE UNIDADES

Lección 13 Tarea 3•3

Nombre _____ Fecha _____

1. a. Cuenta desde 90 hacia atrás de nueve en nueve.

   __90__, _____, __72__, _____, _____, _____, __36__, _____, _____, _____

   b. Observa la posición de las *decenas* en el conteo. ¿Cuál es el patrón?

   c. Observa la posición de las *unidades* en el conteo. ¿Cuál es el patrón?

2. Cada ecuación tiene una letra que representa una incógnita. Encuentra el valor de cada incógnita.

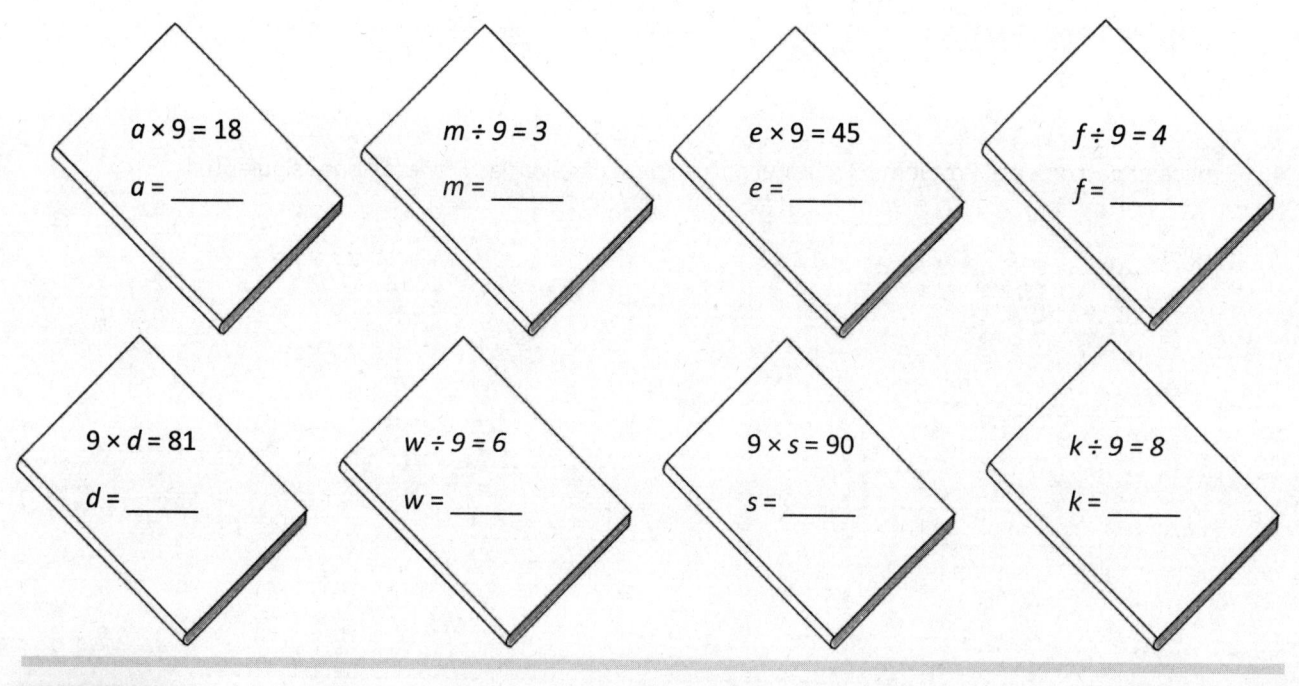

   $a \times 9 = 18$ $m \div 9 = 3$ $e \times 9 = 45$ $f \div 9 = 4$
   $a =$ ___ $m =$ ___ $e =$ ___ $f =$ ___

   $9 \times d = 81$ $w \div 9 = 6$ $9 \times s = 90$ $k \div 9 = 8$
   $d =$ ___ $w =$ ___ $s =$ ___ $k =$ ___

Lección 13: Identificar y utilizar patrones aritméticos para multiplicar.

3. Resuelve.

   a. ¿Cuánto es 10 más que 0? ____
      ¿Cuánto es 1 menos? ____
      $1 \times 9 =$ ____

   b. ¿Cuánto es 10 más que 9? ____
      ¿Cuánto es 1 menos? ____
      $2 \times 9 =$ ____

   c. ¿Cuánto es 10 más que 18? ____
      ¿Cuánto es 1 menos? ____
      $3 \times 9 =$ ____

   d. ¿Cuánto es 10 más que 27? ____
      ¿Cuánto es 1 menos? ____
      $4 \times 9 =$ ____

   e. ¿Cuánto es 10 más que 36? ____
      ¿Cuánto es 1 menos? ____
      $5 \times 9 =$ ____

   f. ¿Cuánto es 10 más que 45? ____
      ¿Cuánto es 1 menos? ____
      $6 \times 9 =$ ____

   g. ¿Cuánto es 10 más que 54? ____
      ¿Cuánto es 1 menos? ____
      $7 \times 9 =$ ____

   h. ¿Cuánto es 10 más que 63? ____
      ¿Cuánto es 1 menos? ____
      $8 \times 9 =$ ____

   i. ¿Cuánto es 10 más que 72? ____
      ¿Cuánto es 1 menos? ____
      $9 \times 9 =$ ____

   j. ¿Cuánto es 10 más que 81? ____
      ¿Cuánto es 1 menos? ____
      $10 \times 9 =$ ____

4. Explica el patrón en el Problema 3 y usa el patrón para resolver las 3 operaciones siguientes.

   $11 \times 9 =$ _____ $12 \times 9 =$ _____ $13 \times 9 =$ _____

Lección 14 Grupo de problemas 3•3

Nombre _____ Fecha _____

1. a. Multiplica. Luego, suma los dígitos de las decenas y los dígitos de las unidades de cada producto.

1 × 9 = 9	_0_ + _9_ = _9_
2 × 9 = 18	_1_ + _8_ = ____
3 × 9 =	____ + ____ = ____
4 × 9 =	____ + ____ = ____
5 × 9 =	____ + ____ = ____
6 × 9 =	____ + ____ = ____
7 × 9 =	____ + ____ = ____
8 × 9 =	____ + ____ = ____
9 × 9 =	____ + ____ = ____
10 × 9 =	____ + ____ = ____

b. ¿Cuál es la suma de los dígitos de cada producto? ¿Cómo puede ayudarte esta estrategia para revisar tu trabajo con las operaciones de nueves?

c. Araceli continúa contando de nueve en nueve. Ella escribe, "90, 99, 108, 117, 126, 135, 144, 153, 162, 171, 180, 189, 198. ¡Wow! La suma de los dígitos sigue siendo 9". ¿Está en lo correcto? ¿Por qué sí o por qué no?

Lección 14: Identificar y utilizar patrones aritméticos para multiplicar.

2. Araceli usa el número de grupos en 8 x 9 para obtener el producto. Ella usa 8 - 1 = 7 para obtener el dígito en la posición de las decenas y 10 - 8 = 2 para obtener el dígito en la posición de las unidades. Usa su estrategia para encontrar 4 operaciones más.

3. Dennis calcula 9 x 8 al razonarlo como 80 - 8 = 72. Explica la estrategia de Dennis.

4. Sonya encuentra la respuesta a 7 x 9 bajando su dedo índice derecho (como se muestra). ¿Cuál es la respuesta? Explica cómo usar la estrategia de dedo de Sonya.

Nombre _____   Fecha _____

1. a. Multiplica. Después, suma los dígitos en cada producto.

10 × 9 = 90	_9_ + _0_ = _9_
9 × 9 = 81	_8_ + _1_ = _9_
8 × 9 =	___ + ___ = ___
7 × 9 =	___ + ___ = ___
6 × 9 =	___ + ___ = ___
5 × 9 =	___ + ___ = ___
4 × 9 =	___ + ___ = ___
3 × 9 =	___ + ___ = ___
2 × 9 =	___ + ___ = ___
1 × 9 =	___ + ___ = ___

b. ¿Qué patrón observaste en el Problema 1(a)? ¿Cómo puede ayudarte esta estrategia para revisar tu trabajo con las operaciones de nueves?

2. Tomás calcula 9 x 7 al razonarlo como 70 - 7 = 63. Explica la estrategia de Tomás.

3. Alexia encuentra la respuesta a 6 x 9 bajando su dedo índice derecho (como se muestra). ¿Cuál es la respuesta? Explica la estrategia de Alexia.

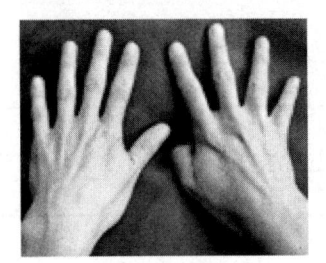

4. Travis escribe 72 = 9 × 8. ¿Tiene razón? Explica al menos 2 estrategias que Travis puede utilizar para revisar su trabajo.

UNA HISTORIA DE UNIDADES   **Lección 15 Grupo de problemas** 3•3

Nombre _____   Fecha _____

Escribe una ecuación y usa una letra para representar la incógnita de los Problemas 1-6.

1. La Sra. Parson dio a cada uno de sus nietos $9. Les dio un total de $36. ¿Cuántos nietos tiene la Sra. Parson?

2. Shiva vierte 27 litros de agua por igual en 9 contenedores. ¿Cuántos litros de agua hay en cada contenedor?

3. Derek recorta 7 pedazos de alambre. Cada trozo mide 9 metros de largo. ¿Cuál es la longitud total de las 7 piezas?

Lección 15: Interpretar la incógnita en la multiplicación y la división para modelar y resolver problemas.

4. La tía Deena y el tío Chris comparten el costo del recorrido en una limusina con sus 7 amigos. El trayecto cuesta un total de $63. Si comparten el costo por igual, ¿cuánto paga cada persona?

5. Cara compró 9 paquetes de cuentas. Hay 10 cuentas en cada paquete. Ella siempre usa 30 cuentas para hacer cada collar. ¿Cuántos collares puede hacer si usa todas las cuentas?

6. Hay 8 borradores en un paquete. Damon compró 9 paquetes. Después de dar algunos borradores, a Damon le quedan 35 borradores. ¿Cuántos borradores regaló?

Nombre _____ Fecha _____

1. El empleado de la tienda divide en partes iguales 36 manzanas en 9 cestas. Dibuja un diagrama de cinta y usa la letra *a* para el número de manzanas en cada cesta. Escribe una ecuación y resuelve para encontrar *a*.

2. Elías da a cada uno de sus amigos un paquete de 9 almendras. Regala un total de 45 almendras. ¿Cuántos paquetes de almendras regaló? Representa utilizando una letra para la incógnita y después resuélvelo.

3. Denise compró 7 películas. Cada película cuesta $9. ¿Cuál es el costo total de 7 películas? Usa una letra para representar la incógnita. Resuélvelo.

Lección 15: Interpretar la incógnita en la multiplicación y la división para modelar y resolver problemas.

4. El Sr. Doyle compartió 1 rollo de papel rayado en partes iguales con 8 maestros. La longitud total del rollo es 72 metros. ¿Cuánto papel rayado tiene cada maestro?

5. Hay 9 plumas en un paquete. La Srta. Ochoa compra 9 paquetes. Después de dar a sus estudiantes algunas plumas, ella tiene 27 plumas restantes. ¿Cuántas plumas regaló?

6. Allen compró 9 paquetes de tarjetas. Hay 10 tarjetas en cada paquete. Puede cambiar 30 tarjetas por un cómic. ¿Cuántos comics puede conseguir si cambia todas sus tarjetas?

UNA HISTORIA DE UNIDADES **Lección 16 Grupo de problemas** 3•3

Nombre _____   Fecha _____

1. Completa.

   a. _____ × 1 = 6   b. _____ ÷ 7 = 0   c. 8 × _____ = 8   d. 9 ÷ _____ = 9

   e. 0 ÷ 5 = _____   f. _____ × 0 = 0   g. 4 ÷ _____ = 1   h. _____ × 1 = 3

2. Relaciona cada ecuación con su solución.

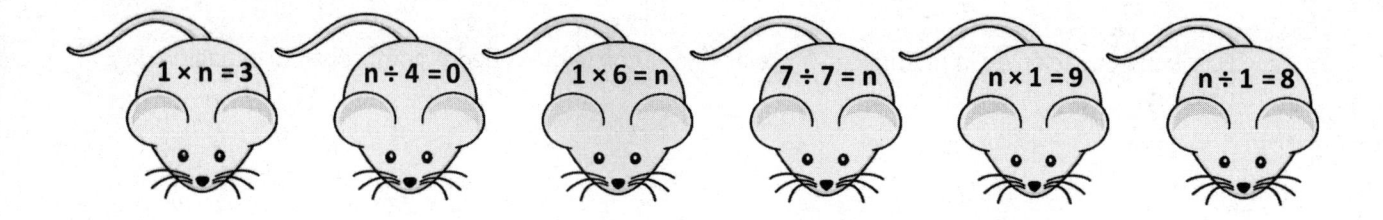

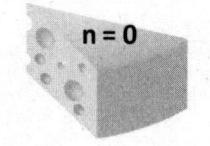

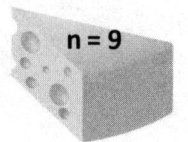

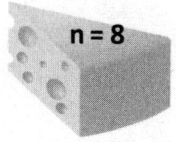

   Ratones: 1 × n = 3 | n ÷ 4 = 0 | 1 × 6 = n | 7 ÷ 7 = n | n × 1 = 9 | n ÷ 1 = 8

   Quesos: n = 0 | n = 9 | n = 3 | n = 8 | n = 6 | n = 1

3. Sea n un número. Completa los espacios en blanco a continuación con los productos.

   1 2 3 4 5 6 7 8 9 ··· n
   ×1 ×1 ×1 ×1 ×1 ×1 ×1 ×1 ×1   ×1
   __ __ __ __ __ __ __ __ __   __

   ¿Qué patrón observaste?

4. Josie dice que cualquier número dividido entre 1 es igual a ese número.

   a. Escribe una ecuación de división usando n para representar el enunciado de Josie.

   b. Usa tu ecuación de la Parte (a). Sea $n = 6$. Escribe una ecuación y dibuja una imagen para demostrar que tu ecuación es verdadera.

   c. Escribe la ecuación de la multiplicación relacionada con la que puedes comprobar tu ecuación de división.

5. Matt explica lo que aprendió sobre la división entre cero a su hermana pequeña.

   a. ¿Qué podría decirle Matt a su hermana acerca de la solución de $0 \div 9$? Explica tu respuesta.

   b. ¿Qué podría decirle Matt a su hermana acerca de la solución de $8 \div 0$? Explica tu respuesta.

   c. ¿Qué podría decirle Matt a su hermana acerca de la solución de $0 \div 0$? Explica tu respuesta.

UNA HISTORIA DE UNIDADES

Lección 16 Tarea 3•3

Nombre _____ Fecha _____

1. Completa.

   a. 4 × 1 = _____   b. 4 × 0 = _____   c. _____ × 1 = 5   d. _____ ÷ 5 = 0

   e. 6 × _____ = 6   f. _____ ÷ 6 = 0   g. 0 ÷ 7 = _____   h. 7 × _____ = 0

   i. 8 ÷ _____ = 8   j. _____ × 8 = 8   k. 9 × _____ = 9   l. 9 ÷ _____ = 1

2. Relaciona cada ecuación con su solución.

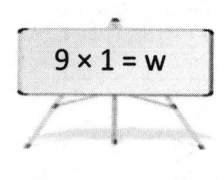

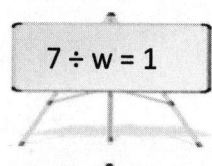

   9 × 1 = w   w = 6

   w × 1 = 6   w = 7

   7 ÷ w = 1   w = 8

   1 × w = 8   w = 9

   w ÷ 8 = 0   w = 1

   9 ÷ 9 = w   w = 0

Lección 16: Razonar y explicar acerca de los patrones aritméticos utilizando unidades de 0 y 1 según se relacionan con la multiplicación y la división.

3. Sea c = 8. Determina si las ecuaciones son verdaderas o falsas. El primer ejercicio ya está resuelto.

a. $c \times 0 = 8$	Falso
b. $0 \times c = 0$	
c. $c \times 1 = 8$	
d. $1 \times c = 8$	
e. $0 \div c = 8$	
f. $8 \div c = 1$	
g. $0 \div c = 0$	
h. $c \div 0 = 8$	

4. Rajan dice que cualquier número multiplicado por 1 es igual a ese número.

   a. Escribe una ecuación de multiplicación usando n para representar el enunciado de Rajan.

   b. Usando la ecuación de la Parte (a), sea n = 5, realiza un dibujo para demostrar que la nueva ecuación es verdadera.

Nombre _____   Fecha _____

1. Escribe los productos en los cuadros tan rápido como puedas.

1 × 1	2 × 1	3 × 1	4 × 1	5 × 1	6 × 1	7 × 1	8 × 1
1 × 2	2 × 2	3 × 2	4 × 2	5 × 2	6 × 2	7 × 2	8 × 2
1 × 3	2 × 3	3 × 3	4 × 3	5 × 3	6 × 3	7 × 3	8 × 3
1 × 4	2 × 4	3 × 4	4 × 4	5 × 4	6 × 4	7 × 4	8 × 4
1 × 5	2 × 5	3 × 5	4 × 5	5 × 5	6 × 5	7 × 5	8 × 5
1 × 6	2 × 6	3 × 6	4 × 6	5 × 6	6 × 6	7 × 6	8 × 6
1 × 7	2 × 7	3 × 7	4 × 7	5 × 7	6 × 7	7 × 7	8 × 7
1 × 8	2 × 8	3 × 8	4 × 8	5 × 8	6 × 8	7 × 8	8 × 8

a. Colorea de naranja los cuadrados con productos pares. ¿Pudiera alguna vez un producto par tener un factor impar?

b. ¿Pudiera alguna vez un producto impar tener un factor par?

c. Todos saben que 7 × 4 = (5 × 4) + (2 × 4). Explica cómo se muestra en la tabla.

d. Usa lo que sabes para encontrar el producto de 7 × 16 u 8 sietes + 8 sietes.

Lección 17 Grupo de problemas 3•3

UNA HISTORIA DE UNIDADES

2. En la tabla, solo se muestran los productos en la diagonal.

   a. Identifica cada producto en la diagonal.

   b. Dibuja una matriz que coincida con cada expresión en la tabla a continuación. Luego identifica el número de cuadros que agregaste para hacer cada matriz. Las primeras dos matrices se han completado para ti.

1 × 1	2 × 2	3 × 3	4 × 4	5 × 5	6 × 6

___ 3 ___ ___ ___ ___

Lección 17: Identificar los patrones en las operaciones de multiplicación y división usando la tabla de multiplicar.

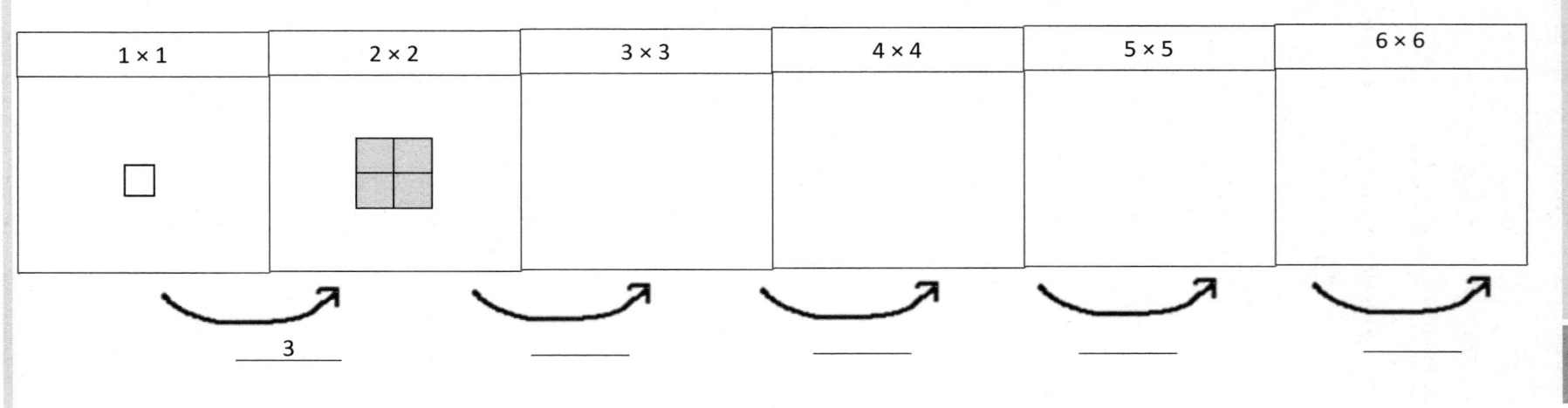

c. ¿Qué patrón notas en la cantidad de cuadros que se agregan a cada matriz nueva?

d. Usa el patrón que descubriste en la Parte (b) para probarlo: 9 × 9 es la suma de los primeros 9 números impares.

Esta página se dejó en blanco intencionalmente

UNA HISTORIA DE UNIDADES

Lección 17 Tarea 3•3

Nombre _____ Fecha _____

1. a. Escribe los productos en la tabla tan rápido como puedas.

×	1	2	3	4	5	6	7	8
1								
2								
3								
4								
5								
6								
7								
8								

b. Colorea las filas y columnas con factores pares de amarillo.

c. ¿Qué notas sobre los factores y productos que se dejaron sin sombrear?

Lección 17: Identificar los patrones en las operaciones de multiplicación y división usando la tabla de multiplicar.

d. Completa la tabla, llena cada espacio en blanco y escribe un ejemplo para cada regla.

Regla	Ejemplo
impar por impar es igual a _____	
par por par es igual a _____	
par por impar es igual a _____	

e. Explica cómo se muestra 7 × 6 = (5 × 6) + (2 × 6) en la tabla.

f. Usa tus conocimientos para encontrar el producto de 4 × 16 o 8 cuatros + 8 cuatros.

2. En la clase de hoy encontramos que $n \times n$ es la suma de los primeros n números impares. Usa este patrón para encontrar el valor de n para cada ecuación a continuación. El primer ejercicio ya está resuelto.

   a. 1 + 3 + 5 = $n \times n$

   9 = 3 × 3

   b. 1 + 3 + 5 + 7 = $n \times n$

c. $1 + 3 + 5 + 7 + 9 + 11 = n \times n$

d. $1 + 3 + 5 + 7 + 9 + 11 + 13 + 15 = n \times n$

e. $1 + 3 + 5 + 7 + 9 + 11 + 13 + 15 + 17 + 19 = n \times n$

Esta página se dejó en blanco intencionalmente

Nombre _____ Fecha _____

Usa el proceso LDE para cada problema. Explica por qué tu respuesta es lógica.

1. Rosa tiene 6 piezas de estambre de 9 centímetros de largo cada una. Sasha le da a Rosa una pieza de estambre. Ahora, Rosa tiene un total de 81 centímetros de estambre. ¿De qué longitud era el estambre que Sasha le dio a Rosa?

2. Julio se tarda 29 minutos haciendo su tarea de ortografía. Luego, completa cada problema de matemáticas en 4 minutos. Hay 7 problemas de matemáticas. ¿Cuántos minutos se tarda Julio en hacer toda su tarea?

3. Perla compra 125 adhesivos. Le da 53 adhesivos a su hermana menor. Luego, Perla pone 9 adhesivos en cada página de su álbum. Si usa todos los adhesivos que le quedaron, ¿en cuántas páginas puso adhesivos Perla?

4. Al principio, el vaso de precipitado de Tanner tenía 45 mililitros de agua. Después de que cada uno de sus amigos vertieron 8 mililitros, el vaso de precipitado tenía 93 mililitros. ¿Cuántos amigos vertieron agua en el vaso de precipitado de Tanner?

5. Cora pesa 4 lápices idénticos nuevos y una regla. El peso total de estos artículos es de 55 gramos. Pesa la regla sola y pesa 19 gramos. ¿Cuánto pesa cada lápiz?

Nombre _____ Fecha _____

Usa el proceso LDE para cada problema. Explica por qué tu respuesta es lógica.

1. El gato de la Sra. Portillo pesa 6 kilogramos. Su perro pesa 22 kilogramos más que su gato. ¿Cuál es el peso total de su gato y su perro?

2. Darren se tarda 39 minutos estudiando para su examen de ciencias. Luego, hace 6 labores. En cada labor se tarda 3 minutos. ¿Cuántos minutos se tarda Darren en estudiar y hacer sus labores?

3. El Sr. Abbot compra 8 cajas de barras de granola para una fiesta. Cada caja tiene 9 barras de granola. Después de la fiesta, quedaron 39 barras. ¿Cuántas barras se comieron durante la fiesta?

4. Leslie pesa sus canicas en un frasco y en la balanza se lee 474 gramos. El frasco vacío pesa 439 gramos. Cada canica pesa 5 gramos. ¿Cuántas canicas hay en el frasco?

5. Sharon usa 72 centímetros de listón para envolver regalos. Usa 24 centímetros de todo el listón para envolver un regalo grande. El resto del listón lo usa para envolver 6 regalos pequeños. ¿Cuánto listón usa para cada regalo pequeño si usa la misma cantidad para cada uno?

6. Seis amigos compartieron equitativamente el costo de un regalo. Pagaron $90 y recibieron $42 de cambio. ¿Cuánto pagó cada amigo?

UNA HISTORIA DE UNIDADES   Lección 19 Grupo de problemas 3•3

Nombre _____   Fecha _____

1. Usa los discos para llenar los espacios en blanco en las ecuaciones.

   a.

   4 × 3 unidades = _____ unidades

   4 × 3 = _____

   b.

   4 × 3 decenas = _____ decenas

   4 × 30 = _____

2. Usa la tabla para completar los espacios en blanco en las ecuaciones.

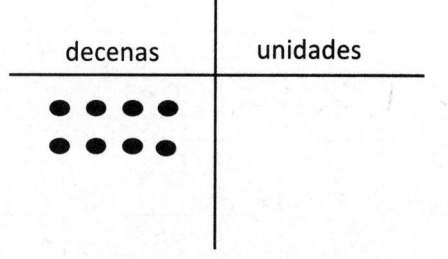

   a. 2 × 4 unidades = _____ unidades

   2 × 4 = _____

   b. 2 × 4 decenas = _____ decenas

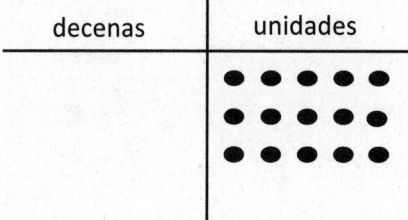

   2 × 40 = _____

   c. 3 × 5 unidades = _____ unidades

   3 × 5 = _____

   d. 3 × 5 decenas = _____ decenas

   3 × 50 = _____

Lección 19: Multiplicar por múltiplos de 10 usando la tabla de valor posicional.

e. 4 × 5 unidades = _____ unidades	f. 4 × 5 decenas = _____ decenas
4 × 5 = _____	4 × 50 = _____

3. Rellena los espacios en blanco para hacer que la ecuación sea verdadera.

a. _____ = 7 × 2	b. _____ decenas = 7 decenas × 2
c. _____ = 8 × 3	d. _____ decenas = 8 decenas × 3
e. _____ = 60 × 5	f. _____ = 4 × 80
g. 7 × 40 = _____	h. 50 × 8 = _____

4. Un autobús lleva 40 pasajeros. ¿Cuántos pasajeros pueden llevar 6 autobuses? Representa con un diagrama de cinta.

UNA HISTORIA DE UNIDADES

Lección 19 Tarea 3•3

Nombre _____ Fecha _____

1. Usa los discos para completar los espacios en blanco en las ecuaciones.

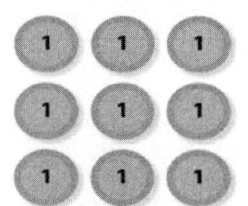

   a.

   3 × 3 unidades = _____ unidades

   3 × 3 = _____

   b.

   3 × 3 decenas = _____ decenas

   30 × 3 = _____

2. Usa la tabla para completar los espacios en blanco en las ecuaciones.

   a. 2 × 5 unidades = _____ unidades

   2 × 5 = _____

   b. 2 × 5 decenas = _____ decenas

   2 × 50 = _____

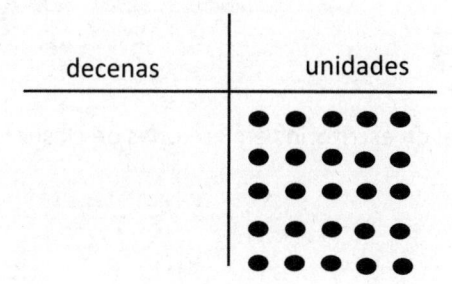

   c. 5 × 5 unidades = _____ unidades

   5 × 5 = _____

   d. 5 × 5 decenas = _____ decenas

   5 × 50 = _____

Lección 19: Multiplicar por múltiplos de 10 usando la tabla de valor posicional.

3. Relaciona.

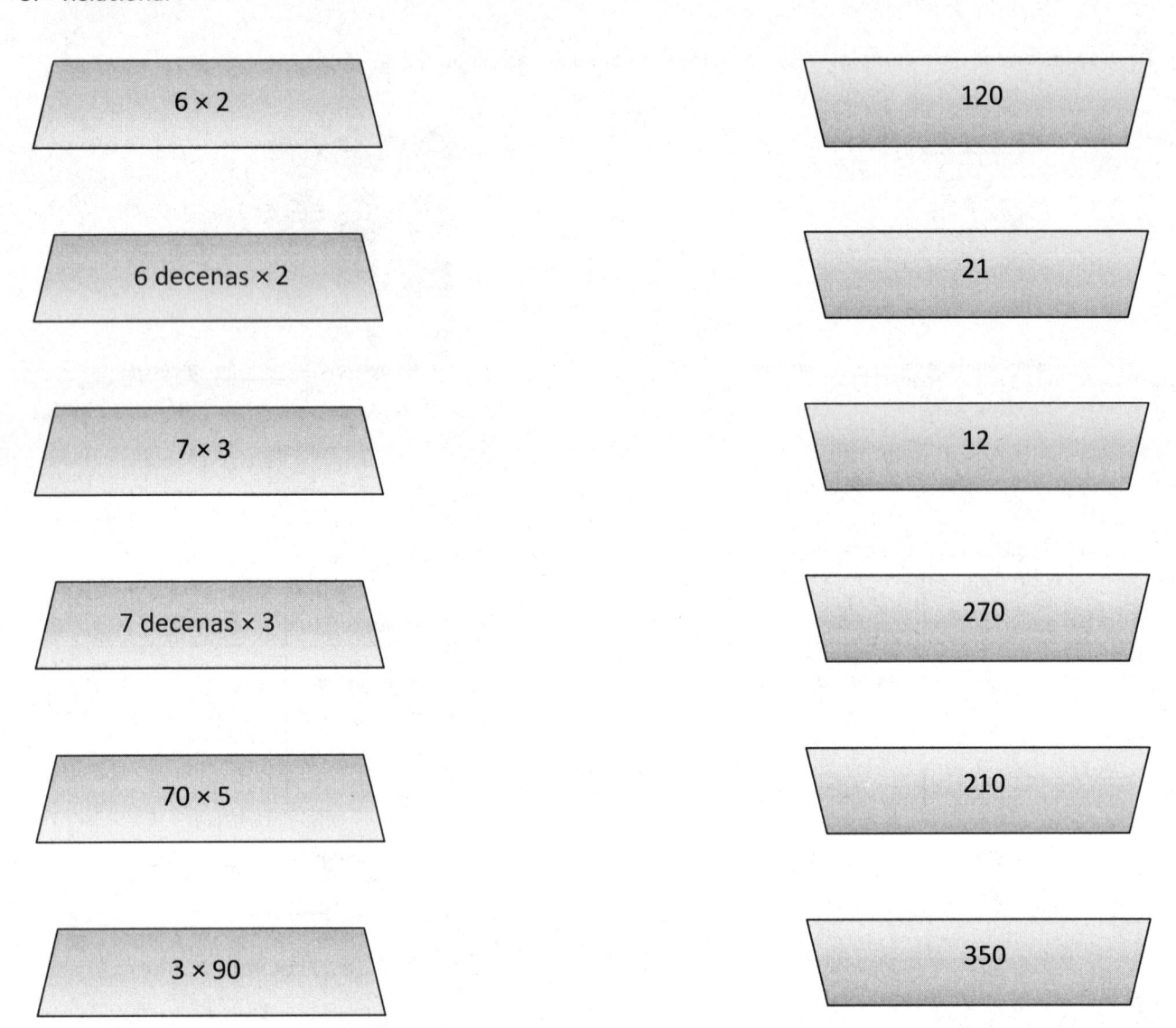

6 × 2	120
6 decenas × 2	21
7 × 3	12
7 decenas × 3	270
70 × 5	210
3 × 90	350

4. Cada salón de clases tiene 30 escritorios. ¿Cuál es el número total de escritorios en 8 salones de clases? Representa con un diagrama de cinta.

UNA HISTORIA DE UNIDADES   Lección 20 Grupo de problemas 3•3

Nombre _____   Fecha _____

1. Usa la tabla para completar las ecuaciones. Luego resuelve. El primer ejercicio ya está resuelto.

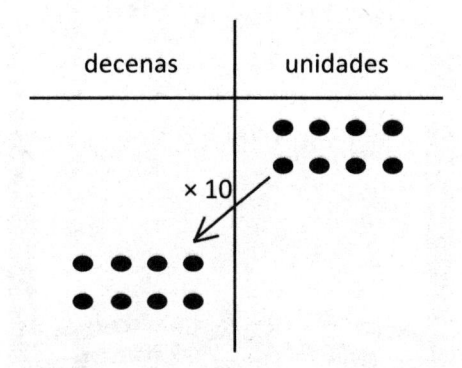

a. (2 × 4) × 10

= (8 unidades) × 10

= __80__

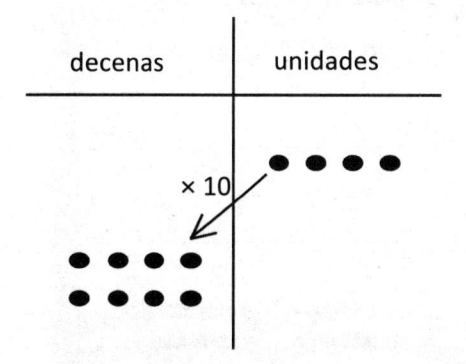

b. 2 × (4 × 10)

= 2 × (4 decenas)

= _____

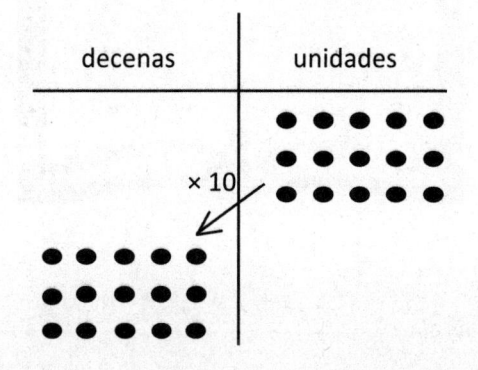

c. (3 × 5) × 10

= (_____ unidades) × 10

= _____

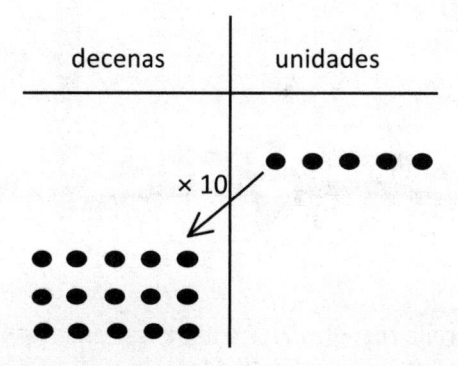

d. 3 × (5 × 10)

= 3 × (_____ unidades)

= _____

Lección 20: Usar las estrategias del valor posicional y la propiedad asociativa
$n \times (m \times 10) = (n \times m) \times 10$ (donde n y m son menores que 10) para multiplicar por múltiplos de 10.

2. Coloca los paréntesis en las ecuaciones para encontrar la operación relacionada. Luego resuelve. El primer ejercicio ya está resuelto.

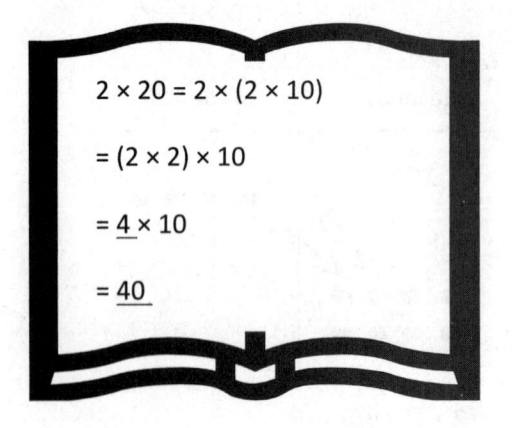

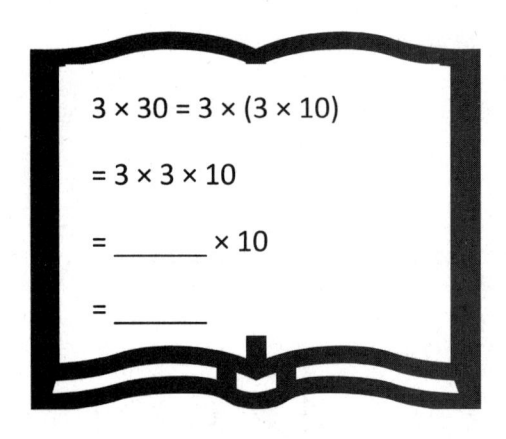

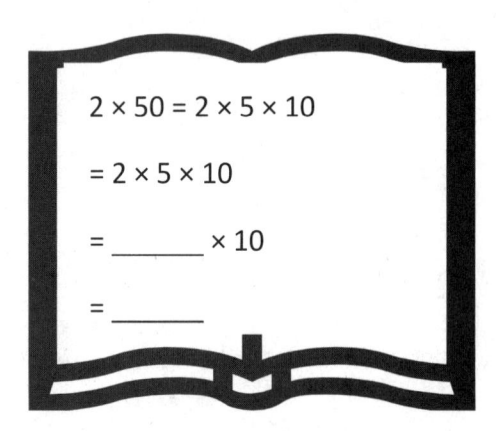

2 × 20 = 2 × (2 × 10)

= (2 × 2) × 10

= 4 × 10

= 40

2 × 30 = 2 × (3 × 10)

= (2 × 3) × 10

= _____ × 10

= _____

3 × 30 = 3 × (3 × 10)

= 3 × 3 × 10

= _____ × 10

= _____

2 × 50 = 2 × 5 × 10

= 2 × 5 × 10

= _____ × 10

= _____

3. Gabriela resuelve 20 × 4 al pensar en 10 × 8. Explica su estrategia.

Lección 20 Tarea 3•3

Nombre _____ Fecha _____

1. Usa la tabla para completar las ecuaciones. Luego resuelve.

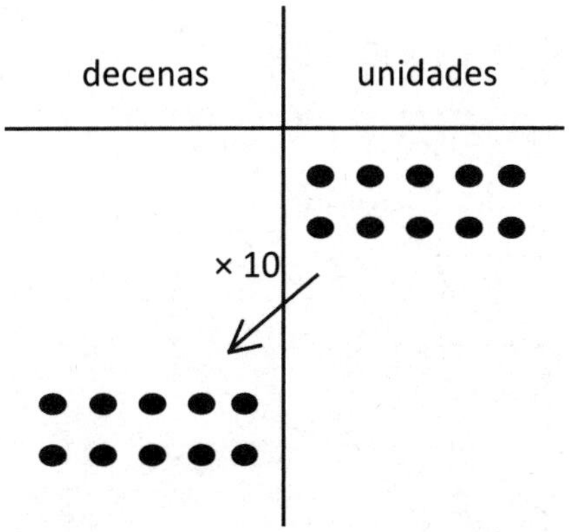

a. (2 × 5) × 10

= (10 unidades) × 10

= _____

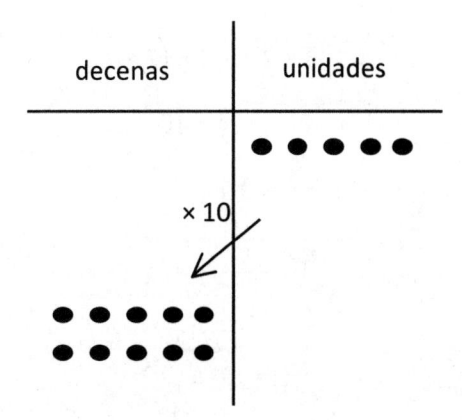

b. 2 × (5 × 10)

= 2 × (5 unidades)

= _____

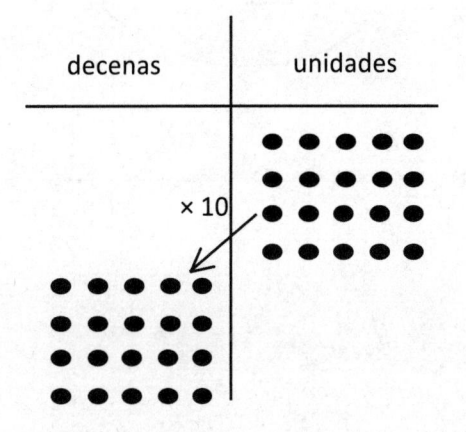

c. (4 × 5) × 10

= (____ unidades) × 10

= _____

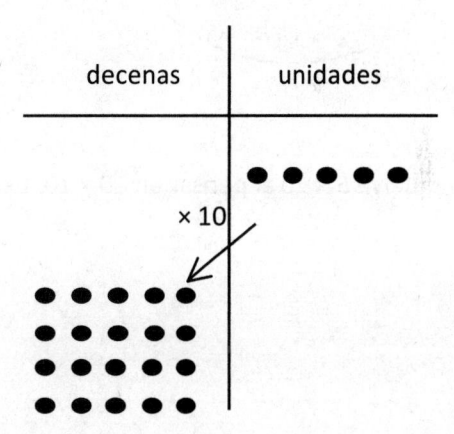

d. 4 × (5 × 10)

= 4 × (____ decenas)

= _____

Lección 20: Usar las estrategias del valor posicional y la propiedad asociativa $n \times (m \times 10) = (n \times m) \times 10$ (donde n y m son menores que 10) para multiplicar por múltiplos de 10.

2. Resuelve. Coloca los paréntesis en (c) y (d) según sea necesario para encontrar la operación relacionada.

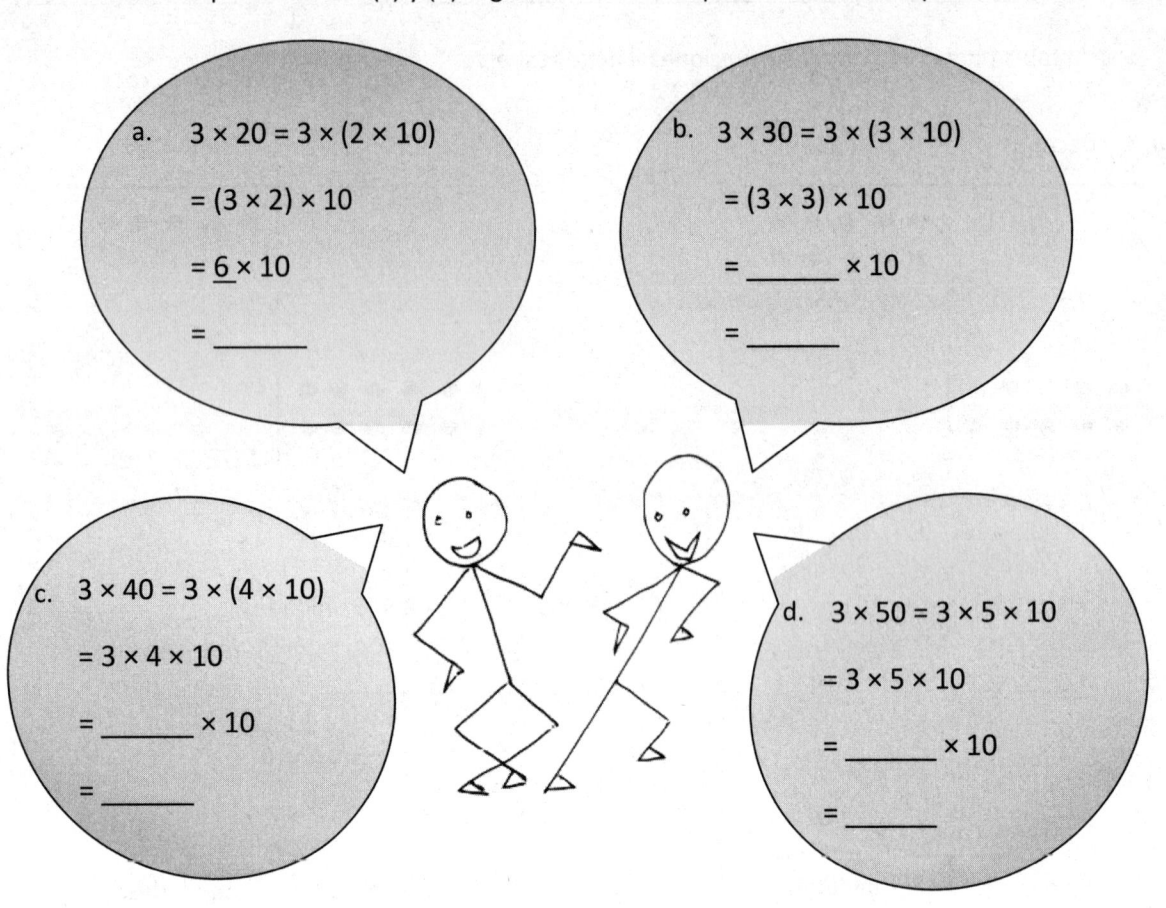

a. $3 \times 20 = 3 \times (2 \times 10)$
   $= (3 \times 2) \times 10$
   $= \underline{6} \times 10$
   $= \underline{}$

b. $3 \times 30 = 3 \times (3 \times 10)$
   $= (3 \times 3) \times 10$
   $= \underline{} \times 10$
   $= \underline{}$

c. $3 \times 40 = 3 \times (4 \times 10)$
   $= 3 \times 4 \times 10$
   $= \underline{} \times 10$
   $= \underline{}$

d. $3 \times 50 = 3 \times 5 \times 10$
   $= 3 \times 5 \times 10$
   $= \underline{} \times 10$
   $= \underline{}$

3. Danny resuelve 5×20 al pensar en 10×10. Explica su estrategia.

Nombre _____ Fecha _____

Usa el proceso LDE para resolver cada problema. Usa una letra para representar la incógnita.

1. Hay 60 segundos en 1 minuto. Dibuja un diagrama de cinta para encontrar el número total de segundos en 5 minutos y 45 segundos.

2. Lupe ahorra $30 cada mes por 4 meses. ¿Tienen suficiente dinero para comprar los suministros de arte a continuación? Explica por qué sí o por qué no.

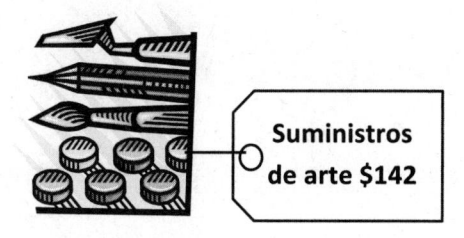

Suministros de arte $142

3. Brad recibe 5 centavos por cada lata o botella que recicle. ¿Cuántos centavos gana Brad si recicla 48 latas y 32 botellas?

4. Una caja de 10 marcadores pesa 105 gramos. Si la caja vacía pesa 15 gramos, ¿cuánto pesa cada marcador?

5. El Sr. Pérez compra 3 juegos de tarjetas. Cada juego viene con 18 tarjetas rayadas y 12 tarjetas punteadas. Usa 49 tarjetas. ¿Cuántas tarjetas le quedan?

6. Ezra gana $9 la hora trabajando en una librería. Trabaja 7 horas al día los lunes y los miércoles. ¿Cuánto gana Ezra cada semana?

Nombre _____ Fecha _____

Usa el proceso LDE para cada problema. Usa una letra para representar la incógnita.

1. Hay 60 minutos en 1 hora. Usa un diagrama de cinta para encontrar el número total de minutos en 6 horas y 15 minutos.

2. La Srta. Lemus compró 7 cajas de bocadillos. Cada caja tiene 12 paquetes de bocadillos de frutas y 18 paquetes de anacardos. ¿Cuántos paquetes de bocadillos compró en total?

3. Tamara quiere comprar una tableta que cuesta $437. Ahorró $50 cada mes por 9 meses. ¿Tiene suficiente dinero para comprar la tableta? Explica por qué sí o por qué no.

4. El Sr. Ramírez recibe 4 juegos de libros. Cada juego tiene 16 libros de ficción y 14 libros que no son de ficción. Él pone 97 libros en su biblioteca y dona el resto. ¿Cuántos libros donó?

5. Celia vende calendarios para recaudar fondos. Cada calendario cuesta $9. Ella vende 16 calendarios a miembros de su familia y 14 calendarios a la gente de su barrio. Su objetivo es ahorrar $300. ¿Celia alcanzó su objetivo? Explica tu respuesta.

6. La tienda de videos vende películas de ciencia e historia por $5 cada una. ¿Cuánto dinero gana la tienda de videos si vende 33 películas de ciencia y 57 películas de historia?